사춘기
자존감
수업

초4~중3,
급변하는 시기를
성창의 기회로 만드는
3가지 자존감 전략

사춘기
자존감
수업

안정희 지음

카시오페아
Cassiopeia

더 늦기 전에
사춘기 자존감을 키워야 할 때

부모 교육 전문가로만 오롯이 활동한 지 올해로 13년 차다. 학교로, 기관으로, 때로는 각 가정으로 장소를 마다하지 않고 발로 뛰어 찾아간 곳에는 늘 사춘기 자녀를 둔 부모들이 있었다. 나 또한 사춘기 둘을 키워낸 엄마다. 그동안 교육과 상담 현장에서 만난 숫자만 더해도 6만 명이 족히 넘는다. 문제를 일으킨 아이들은 열이면 열 모두 초등학교 고학년부터 중·고등학교에 이르기까지 사춘기라 불리는 아이들이다. 가벼운 사춘기 증상, 즉 반항하거나 대드는 정도로 지나가는 아이부터 심하게는 학교 부적응을 넘어 각종 범죄에 연루되는 아이까지 문제의 양상도 다양하다. 특히 학교 부적응 문제나 폭력, 정서적인 문제로 찾아오는 아이들과 그 아이들의 부모를 한 달에 한 번 이상 정기적으로 만나고 있다. 대체로 중·고등학생이 주를 이루지만, 초등학생인 경우 5학년에서 6학년이 간혹 있으며 어쩌다 4학년도 있다.

매년 진행되는 '위기 가정 바로 세우기' 사업의 일환으로 진행되는 찾아가는 상담에서도 마찬가지다. "아이 때문에 못 살겠다"라고 아우성치는 가정에는 언제나 예외 없이 사춘기가 그 중심에 있다. 아이와 목에 핏대를 세우며 싸우는 부모부터 아이가 집 밖에서 온갖 문제를 일으켜 경찰 전화를 친구 전화보다 더 많이 받는 부모에 이르기까지, 가장 극단적인 경우는 경찰이나 담임선생님이 전화해도 "이미 버린 자식이니 알아서 하세요"라며 끊어버리는 부모가 아닐까? 사춘기 자녀와 갈등을 겪는 부모들의 이야기만으로도 이 책 한 권을 채울 수 있을 정도다. 물론 '사춘기'에 모든 죄를 물을 수는 없지만 어쩐 일인지 아이의 사춘기는 시커먼 먹구름을 함께 몰고 온다. 최근에 상담에서 만난 영수와 영수 어머니와의 관계도 아슬아슬하다.

"에휴, 하루에도 열두 번 내가 쟤를 왜 낳았나 싶어요. 낳지 않았으면 이렇게 힘들지도 않았을 텐데…. 아들이 아니라 원수라니까요."

영수는 중학교 1학년, 어머니의 말을 빌리자면 '지랄발광을 하는 사춘기'다. 영수와 엄마는 눈만 마주치면 서로 으르렁거리며 헐뜯기 바쁘다. 심지어 등을 켜고 끄는 것조차 부딪치며 한 사람은 끄고 한 사람은 켠다. 엄마는 "닥치고 말 좀 들어!"라고 소리치고, 영수는 "왜 엄마 마음대로만 하냐구요!"라고 대꾸하며 한 마디도 지지 않으려 한다. 좁은 집에서 안 마주치고 살 수는 없으니 하루하루가 지옥이다. "너랑 사는 일분일초가 지옥이야 지옥!" 마음에도 없는 말을 퍼붓고는 돌아서서 후회하는 날들의 연속이다.

사춘기 부모와 자녀는 바람 앞의 촛불처럼 위태롭기 짝이 없다. 아이를 낳는 순간부터 지금까지 단 하루도 빼먹지 않고 부모로서 최선을 다한다. 부모 자격이 없다는 생각에 자책한 날도 셀 수 없이 많다. 그렇게 10년이 훌쩍 지난다. 그런데 이제는 다 내려놓고 싶다. 할 수만 있다면 '부모'라는 직함(?)에 사표를 내고 싶다. 마치 온 힘을 다해 질주하다가 골인 지점을 코앞에 두고 다리에 힘이 풀린 선수처럼 말이다. 그렇다면 사춘기 아이들은 어떨까? 앞서 영수를 보자. 영수도 할 말이 많다. "엄마가 나 말고 다른 아이를 아들로 한번 키워봤으면 좋겠어요! 내가 얼마나 멀쩡한지 알 텐데…." 영수의 말이다. 도무지 '요즘 애들'에 대해서 하나도 모르는 엄마 때문에 답답해서 죽을 것 같다. "낳지 말지 그랬어요? 누가 낳아달라고 했냐고요!! 씨발." 자기도 모르게 엄마에게 험한 말을 내뱉고 마음이 무겁다.

"왜 이렇게 말이 안 통하는지 모르겠어요!", "애가 너무 버릇없고 무례해서 미칠 지경이에요." 비단 상담뿐 아니라 일반 강의 현장에서도 사춘기 자녀를 둔 부모들의 앓는 소리를 자주 접한다. 사춘기는 없다. 아니, 정확하게 말하자면 사춘기는 아무 문제가 없다. 사춘기는 지극히 정상적인 발달 과정 중 하나다. 유아기나 아동기를 문제로 보지 않는 것처럼 사춘기 또한 자연스러운 성장 과정임을 알아야 한다. 말이 안 통하고 무례하게 구는 아이, 아주 잘 성장하고 있다는 증거다. 그러나 사춘기에 대한 이해가 부족한 부모는 사생결단 아이를 다그치고 비난하고 급기야 포기해버린다. 그동안 교육과 상담에서 부모의 '무지'와 '준비 부족'이 낳은 참사를 많이 봤다. 산소통을 메지 않고 심연 깊숙이 들어가는 것이 위험하다는 건 누구나 안다. 마찬가지다. 사춘기에 대한 이해와 준비 없이 사춘기 자녀를 대하는 건 그만큼, 아니 어쩌면 그보다 더 위험할 수도 있다.

균형 있는 신체·인지·정서 발달이 필요하다

《손자병법》에는 지피지기 백전불태知彼知己 百戰不殆라는 말이 나온다. 적을 알고 나를 알면 100번 싸워도 위태롭지 않다는 의미다. 앞서 말했지만 부모의 불안은 무지에서 시작된다. 사춘기 아이가 도대체 왜 이러는지 몰라 당황스럽다. 혹시라도 문제아가 되면 어쩌나 심장이 조여온다. 하루도 편할 날이 없다. 사춘기와 동시에 전쟁이 시작되었다. 아이와 위태롭지 않게 이 시기를 잘 이겨내기 위해서는 먼저 사춘기라는 적을 알아야 한다.

사춘기의 많은 문제는 급격한 신체 발달을 인지와 정서가 미처 따라가지 못해서 오는 불균형에 있다. 쉽게 말해 몸, 감정, 머리가 따로 노는 때가 바로 사춘기다. 이들 사이의 불협화음이 아이들의 문제 행동을 야기하고 동시에 부모를 미치게 만든다. 따라서 부모는 사춘기들의 신체 발달뿐 아니라 정서와 인지 발달에 따른 변화를 이해해야 한다.

이 책에서는 몸, 감정, 머리 3가지 차원에서 입체적으로 사춘기들을 살펴볼 예정이다. 쉽게 이해할 수 있도록 각각 몸, 관계, 공부로 표현했다. 몸은 말 그대로 물리적인 몸과 몸에 대한 인식을 지칭한다. 몸은 감정과 생각을 담는 그릇이며, 몸에 문제가 있을 경우 감정도 생각도 온전하기가 힘들다. 관계는 감정 영역을 의미한다. 모든 관계의 중심에는 감정이 자리 잡고 있다. 사춘기는 그 어느 때보다도 감정적으로 어려움을 겪으며 이는 관계로도 영향을 미친다. 따라서 부모는 사춘기 자녀의 감정을 제대로 이해하고 감정을 다룰 수 있도록 도와야 한다. 마지막으로 머리 또는 인지는 공부라는 단어로 통합했다. 공부라고 표현했지만, 공부는 학습뿐만 아니라 생각하는 과정 전반을 의미한다.

몸, 감정, 머리는 서로 연결되어 소통하며 영향을 주고받는다. 사춘기에 가장 중요한 것은 바로 이 3가지 영역을 골고루 균형 있게 발달시켜 인격적으로 성숙해지도록 돕는 일이다. 이를 위해 이 책에서는 사춘기 때 허투루 생각해서는 안 되는 자존감과 엮어 설명한다. 사춘기는 아동기를 떠나왔지만 아직 어른의 세계로 입문하기 전이다. 이들은 아동과 어른 사이 어디쯤에서 혼란과 방황을 시작한다. 이들이 심신이 건강한 어엿한 어른으로 성장하기 위한 밑거름은 바로 자존감에 있다고 해도 과언이 아니다.

왜 하필 사춘기 자존감일까?

자존감은 개인의 가치와 능력에 대해 주관적으로 느끼는 감각이다. 사람은 누구나 생각하고 느끼고 행동한다. 어떻게 생각하고 느끼고 행동하느냐는 한 사람의 자존감에 직접적으로 영향을 미친다. 생각, 감정, 행동 이 3가지 영역 모두 의식적인 자각과 선택이 따라야 하며 스스로 통제가 가능해야 한다. 선택과 결정의 과정이 얼마나 성숙하고 견고하냐가 무엇보다 중요하다. 그런 의미에서 사춘기는 위기다. 사춘기는 영아기에 이어 제2의 성장 급등기로 성장에 따르는 급격한 변화들은 신체뿐 아니라 정서적·인지적으로 위기감을 고조시킨다. 즉, 이 3가지 영역 모두에서 위기를 맞는 사춘기를 어떻게 극복해내느냐가 인격이나 인성을 결정짓는다. 안타깝게도 사춘기 때 적절한 자극이나 교육이 제공되지 않아 인격적으로 미성숙한 채 사회로 나가는 경우가 너무나 많다. 그러나 사춘기는 동시에 기회다. 이때 어떤 경험을 하느냐에 따라 이전과는 다른 과정의 삶이 펼쳐질 수도 있다. 지금까지와 상관없이 새로 시작할 수 있는 단계가 바로 사춘기, 지금이다. 그러므로 사춘기들에게 위기는 다시 오지 않을 기회다. 사춘기를 그저 위험하고 피해야 할 시기라고 볼 게 아니라 부모와 자녀 모두 성장할 수 있는 마지막 기회라고 생각해야 한다.

이 책은 몸, 관계, 공부를 자존감 차원에서 자세하게 다룬다. 첫 장에서는 부모라면 꼭 알아야 할 사춘기와 자존감에 대한 내용이다. 이어지는 장에서는 몸 자존감, 관계 자존감, 공부 자존감에 대해서 순차적으로 살펴본다. 마지막 장에서는 부모 자신의 자존감을 점검해보고 돌볼 수 있도록 구성했다. 무엇보다 각 영역에서 자존감을 키워주기 위해 어떻게 해야 하는지도 정리해두어 부모가 실질적으로 실천해볼 수 있도록 했다. 부족하나마 이 책이 사춘기를 입체적으로 이해하는 데 길라잡이가 되기를 기대해본다. 사춘기 부모들이 이 책을 통해서 자녀의 성장을 조금이라도 편안하게 바라볼 수 있다면, 그래서 그들의 불안과 걱정이 한 줌이라도 덜어진다면 더 바랄 게 없다.

아이마다 사춘기를 겪는 시기는 다 다르다. 성장 속도가 다르기 때문이다. 대체로 초등학교 5학년이나 6학년쯤에 2차 성징이 나타나면서 사춘기로 들어선다. 그래서 이 책을 자녀가 초등학교 4학년이나 5학년 정도에 읽어본다면 가장 적합한 때가 아닐까 생각이 든다. 물론 미리 준비한다는 마음으로 그보다 일찍 읽어본다면 더할 나위 없다. '어쩌지? 우리 아이는 벌써 중학생인데…'라고 걱정하지도 말자. 늦었다고 생각하는 그때가 가장 빠르다는 말이 괜히 있겠는가? 자녀의 학년이 어떻든 지금 이 책을 집어 들었다면 절대로 늦지 않았다고 전하고 싶다. 다만 2배 이상의 노력을 기울이겠다는 마음가짐이 필요하다. 앞서도 말했지만 사춘기는 위기인 동시에 다시 없을 기회다. 이 기회를 어떻게 활용하느냐는 부모의 마음가짐과 자세에 달렸다.

사춘기라 해도 모든 아이는 다 다르다. 사춘기 아이 100명이 있다면 100가지의 사춘기 증상이 나타난다. 따라서 부모는 이 책에서 제시하는 정보들을 방향키 삼아 아이를 더 깊이 이해하도록 각별히 노력해야 한다. 지금 이 순간도 자녀와 고군분투하는, 이 시대를 살아가는 모든 사춘기 부모들에게 심심한 위로와 따뜻한 응원을 보낸다.

차례

제2장
몸 자존감, 있는 그대로 존중하고 수용한다

제3장

관계 자존감, 자기 자신이 주체가 된다

제4장
공부 자존감, 삶의 방향을 스스로 정한다

1장

사춘기,
왜 자존감이 중요할까?

아이에게
사춘기가 찾아왔다

"내가 알아서 한다고요!!!"

"잔소리 좀 그만해!"

"아~ 쫌!"

이름만 불러도 아이는 "왜요?"라고 곧바로 되묻는다. 보란 듯이 휴대폰만 들여다보며 온몸으로 대화를 거부하기도 한다. 이 모든 반응은 드디어 아이가 사춘기 여정을 시작했다는 신호다.

사춘기가 되면 아이들은 마치 어른이 된 것처럼 행동한다. 다만 화난 어른처럼 행동한다는 게 문제다. 어쩌면 그들이 생각하는 어른의 모습일지도 모른다. 아이의 사춘기 증상과 함께 늘어나는 건 부모의 걸쭉한 한숨이다. 이 모든 행동이 우리 아이가 성격이 삐뚤어져서, 친구를 잘못 만나서, 내가 제대로 못 키워서 그런 것이 아닐 수 있다. 사춘기 자녀를 이해하는 차원에서 우리는 그들에게 대체 무슨 일이 일어나고 있는지 먼저 살펴볼 필요가 있다.

🌿 사춘기, 제대로 이해하자

사춘기思春期의 사전적 정의는 다음과 같다.

"인간 발달 단계의 한 시기로, 신체적으로는 2차 성징이 나타나며 정신적으로는 자아의식이 높아지면서 심신 양면으로 성숙기에 접어드는 시기다."

이 정의에 사춘기와 관련한 모든 답이 들어 있다. 하나씩 따져보자.

첫 번째, 인간 발달 단계의 한 시기라는 점이다. 사춘기는 어느 날 갑작스레 오는 우박이나 소낙비가 아니다. 유아기나 아동기처럼 성장 과정에서 반드시 거쳐야 하는 발달 단계다. 충분히 예측할 수 있으며 준비할 수 있다. 여름이면 장마를 대비하듯이 사춘기도 마찬가지다. 우리 아이가 초등학교 고학년, 즉, 4학년이나 5학년가량 된다면 사춘기 터널 직전이라 생각하고 마음의 준비를 다부지게 하는 게 부모의 정신 건강은 물론 자녀와의 관계에도 좋다. 물론 아이마다 발달 속도는 다 다를 수 있다.

"우리 애가 어서 빨리 원래대로 돌아왔으면 좋겠어요."

강의나 상담 중에 이런 호소를 많이 듣는다. 마치 사춘기를 정상 궤도에서 이탈한 것처럼 여긴다. 그래서 많은 부모들은 '이 또한 지나가리라'라는 마음으로 수양을 시작한다. 혹자는 사춘기 자녀를 키우는 일을 몸속에 사리를 만드는 것이라 말한다. 물론 사춘기 자녀를 견뎌내는 일은 녹록지 않다. 그러나 사춘기는 어디 갔다가 오는 게 아니다. 정상 궤도를 벗어난 게 아니라 지금 서 있는 그곳이 바로 우리 아이의 자리다. 사춘기 자녀를 보는 부모의 시각을 바꾸는 게 시급하다.

두 번째, 신체적으로 2차 성징이 나타난다. 주요 성장 호르몬의 영향으로 급격하게 성장이 일어난다. 키가 훌쩍 크고 목소리가 달라진다. 가슴이 발달하고 골반이 커지며 생리와 몽정을 시작하는 등 신체적으로 급변을 겪게 된다. 아동에서 어른으로 넘어가는 중간 단계에서 이들은 '어른인 듯 어른 아닌 어른 같은 나'를 만난다. 신체적으로는 어른이지만 여전히 정신적으로는 미숙한 상태에서 아이들은 당황스럽고 혼란스러워한다. 그러므로 사춘기를 건강하게 나기 위해서는 신체 변화에 걸맞은 정신적 성장이 반드시 필요하다.

세 번째, 정신적으로는 자아의식이 높아진다. 사춘기 아이들은 자기중심적 사고에 갇힌다. '상상 속의 청중'이라고 표현하기도 하는데, 모든 사람들이 자신을 쳐다본다는 착각 속에서 살아간다. 그래서 단 한 발자국을 나가더라도 준비되지 않은 채로 나갈 수는 없다. 자의식이 높아지면서 아이들은 불안하다. 다른 사람들의 눈에 비치는 자신이 어떨지 알 수가 없기 때문이다.

앞서 사춘기 정의에서 '심신 양면으로 성숙기에 접어드는 시기'라는 마지막 구절이 가장 중요하다. 심신 양면은 몸뿐만 아니라 마음까지도 성숙기에 접어든다는 의미다. 사춘기는 신체적뿐 아니라 심리적 성장까지 폭발적으로 일어나는 시기다. 그러나 대부분의 부모는 겉으로 보이는 신체적 성장에는 민감하게 반응하고 살피지만, 눈에 보이지 않는 심리적 성장에 대해서는 관심이 없거나 또는 무지하다. 자녀의 키가 몇 센티미터 자랐는가도 중요하지만, 마음이 얼마나 자랐는가도 그 못지않게 중요하다. 몸은 훌쩍 자라서 누가 봐도 성인이지만, 마음은 채 자라지 못해 어린아이 수준에 머물러 있는 사춘기들이 너무나 많다. 우리는 이들을 '어른아이'라고 부른다. 반대가 바로 '애어른'이다. 몸은 아직 미숙한 어린아이지만 생각은 어른이기를 강요당하는 경우 붙는 이름이다. 어른아이도, 애어른도 모두 심각한 심리적 문제를 야기한다. 심신이 균형 있게 성장할 수 있도록 이 2가지 요소 모두에 관심을 기울여야 한다.

⚘ 과연 사춘기가 문제 행동을 부를까?

"아! 진짜 선생님한테 일부러 그런 게 아니라구욧! 왜 내 말은 아무도 안

들어주는 거예요?"

중학교 3학년 진우는 벌겋게 달아오른 얼굴로 혀가 꼬일 정도로 흥분하

며 말한다. 지나가는 선생님 얼굴에 물을 뿌렸다는 이유로 선도위원회

에 회부되어 특별 상담에 참여했다. 장난치다가 친구에게 뿌린 물이 주

인을 잘못 찾아 선생님을 흠뻑 젖게 했다는 게 진우의 항변이다. 이유

여하를 막론하고 선생님은 온통 물에 젖었고 그 순간 모멸감을 느꼈다.

진우는 모든 선생님들이 유독 자신만 싫어한다며 온몸으로 억울함을 쏟

아내고 있었다. 아직도 진우의 말이 귓전에 맴돈다.

"만약 꼬맹이가 그랬다면 이렇게까지 할 일이나구요. 귀엽다면서 주의

나 주고 그냥 지나갈 거잖아요!"

예나 지금이나 기성세대들은 사춘기들을 의심 어린 눈초리로

바라본다. 그래서 사춘기 아이들은 미치고 팔짝 뛸 정도의 억울함

을 호소한다. 집단 상담이나 특별 교육에서 가장 흔하게 만나는

감정이 바로 억울함과 답답함이다. 때로는 한바탕 부모나 선생님들에 대한 성토가 이어지기도 한다.

부모들이 '사춘기' 하면 가장 먼저 떠올리는 게 바로 '일탈'이다. "옆집 누구는 사춘기가 되더니 폭력 서클에 가입했다더라", "뒷집 누구는 사춘기가 되더니 물건을 훔치고 심지어 엄마에게 험한 욕설까지 한다더라", "누구는 가출을 하더니 이상한 아이들을 만나서 범죄를 저지르고 지금 소년원에 있다더라." 이런 흉흉한 이야기들이 남의 이야기로만 들리지 않는다. 지금 막 어른이 되기 시작한 우리 아이의 어두운 측면이 아닐까 노심초사한다. 그러나 사춘기는 일탈로 가는 통로가 아니다. 물론 정도의 차이는 있겠지만 모든 사춘기 아이들이 일탈을 하는 것도 아니다. 범죄는 더더군다나 아니다. 10대들의 무모한 범죄나 폭력 행위들이 심심치 않게 뉴스에서 다루어지다 보니 부모들은 늘 전쟁터에 있는 마음이다. 대부분의 아이들은 크고 작은 부대낌은 겪지만 사춘기의 터널을 별일 없이 통과한다. 다만 이 아이들에 대해서는 어디에서도 다루지 않는다.

사실 나는 중2병이라는 말을 좋아하지 않는다. 중2병이라는 진단이 내려진 이후 부모들은 아이들을 시한폭탄쯤으로 여기며 과한 불안과 염려로 고통의 날들을 지새운다. 반면에 아이들은 "중2라서 그래요!"라는 말로 마치 프리패스를 얻은 듯 행동한다.

사춘기 자녀를 둔 부모는 반드시 비정상적인 행동과 정상적인 행동을 구분할 수 있어야 한다. 정상적인 행동에까지 과한 반응을 보일 경우 자녀와의 관계에 금이 가기 쉽다. 불필요한 염려나 걱정은 덜어내는 게 필요하다. 문제는 정상과 비정상 사이의 경계가 모호하다는 점이다. 그래서 부모의 면밀한 관찰과 아울러 사춘기 자녀에 대한 이해가 절실하다. 일단 그들의 뇌에서 무슨 일이 일어나고 있는지 아는 게 먼저다. 물론 뇌가 모든 걸 설명하지는 않지만, 적어도 사춘기 자녀들을 보는 시선을 조금은 부드럽게 만들 수 있기 때문이다.

🌿 호르몬의 변화

수업 중에 중학교 3학년 아들을 둔 어머니가 우스갯소리로 말한다.

"제 아들도 친구들하고 몰려다니면 아는 척 안 하고 멀찍이 돌아가요."

그 순간 폭소가 터지면서 몇 명은 고개를 끄덕인다. 나 같은 경우에도 학교에서 간혹 눈만 마주쳤는데도 뭔가 잔뜩 화난 표정으로 "뭐요!" 하는 태도를 보일 때면 멈칫할 때가 있다. 그럴 때는 그들 안에서 요동치는 호르몬을 머리로 그려본다.

사춘기와 관련한 성장 호르몬은 테스토스테론^{Testosterone}, 에스트로겐^{Estrogen}, 그리고 프로게스테론^{Progesterone}이다. 이 호르몬 각각은 아동기 초기에 남자아이와 여자아이 모두에게 분비되지만 사춘기 동안 남녀 간의 농도에서 확연한 차이가 나타난다.

남자아이의 경우 주요 성장 호르몬은 테스토스테론이며 이는 신체의 극적인 성장과 급작스러운 목소리 변화 등을 촉발한다. 사춘기 동안 하루 종일 테스토스테론이 생성되는데, 사춘기가 끝날 무렵 무려 1,000퍼센트가 방출되며 이는 같은 연령의 여자아이에 비해 20배나 높은 수준이다. 테스토스테론의 수용체인 편도체는 분노, 공격성, 성적 관심 또는 지배 등을 촉발한다. 남자아이들의 충동적이고 반항적인 태도 또는 욱하며 내뱉는 욕설의 주범은 바로 테스토스테론이라 볼 수 있다. 또한 편도체가 테스토스테론에 자극을 받게 되면 서열이나 위계에 대해 예민해지며 강자가 되고자 하는 열망이 커진다. 남자 교실에서 크고 작은 싸움이 벌어지는 것도 이와 무관하지 않다. 이 테스토스테론이 현격히 줄어들 때 사춘기의 증상은 점차적으로 사라진다.

여자아이들의 경우 에스트로겐과 프로게스테론의 영향을 많이 받는다. 에스트로겐은 신체의 변화를 촉진하는데, 가슴이 발달하고 골반이 확장되며 생리가 시작되는 것도 이와 관련이 있다. 에

스트로겐은 뇌에도 영향을 주는데, 에스트로겐의 수용체는 해마 Hippocampus다. 즉, 남자아이들이 사춘기 동안 편도체에 과도한 자극을 받는 것과 달리 여자아이들은 해마에 지속적으로 자극을 받는다. 해마는 새로운 기억을 부호화하는 기능을 담당한다. (그런 이유로 기억 능력이 필요한 학업에서는 아무래도 남자아이들보다 여자아이들이 유리한 입장일 수 있다.) 충동적으로 욱하고 공격적으로 변하는 남자아이들에 비해 여자아이들은 꼬치꼬치 따져 들거나 사소한 일에도 짜증을 내는 경우가 많다. 가끔 비꼬거나 비아냥대기도 한다. 부모는 공격적인 태도를 보이는 아들도, 눈을 똑바로 뜨고 따져 묻는 딸도 부담스럽고 불편하다. 아버지는 자신의 권위에 정면으로 치받는 것 같은 위협을 느끼고, 어머니는 자신의 마음을 몰라주는 자녀가 한없이 야속해진다.

⚘ 삼위일체의 뇌

신경심리학자 폴 맥린Paul MacLean은 인간의 뇌를 '삼위일체의 뇌 Triune Brain'로 표현했다. 3개의 개별적인 뇌로 연결되어 통합적인 기능을 한다는 의미다. 우리가 흔히 알고 있는 파충류의 뇌, 포유류의 뇌, 그리고 인간의 뇌가 그것이다.

파충류의 뇌는 뇌 아래쪽에 있는 뇌간 영역을 말한다. 호흡이나 맥박 또는 무의식적인 생리적 기능 등을 담당하고 있어 우리의 생명이나 안전과 직결되는 영역이다. 뇌에서 가장 오랜 역사를 자랑하며 독자적으로 작동하는 아주 신뢰할 만한 생명유지체다.

두 번째로 발달이 일어나는 게 포유류의 뇌다. 뇌간을 둥글게 둘러싸고 있는 대뇌변연계를 말하는데, 그 안에 편도체와 해마가 있다. 편도체는 우리가 경험하는 모든 감정의 의미를 해석하며, 특히 공포나 분노와 관련이 깊다. 편도체에서 위협을 느끼면 곧바로 뇌의 시상 하부로 전달되고, 시상 하부에서는 스트레스 호르몬을 분비해서 우리 몸이 싸우거나 도망갈 준비를 하도록 한다. 사춘기 아이들이 주로 보이는 충동성이나 적개심 등은 이 영역의 산물이다.

우리 뇌에서 가장 늦게까지 발달이 일어나는 곳이 바로 대뇌 피질이다. 그중 사춘기 아이들과 관련해서 살펴보아야 하는 곳이 이마 바로 뒤쪽에 있는 전전두피질이다. 인간의 뇌라고 불리는 전전두피질은 뇌의 실질적인 집행을 담당하는 집행관 또는 최고경영자라 불리며 고차원적인 사고의 영역이다. 생각하고 판단하고 미래의 계획을 세우거나 행동의 결과를 예측하는 등의 의식적 사고를 이끈다. 이와 더불어 대뇌변연계에서 올라오는 정서적 충동을 조절하고 통제한다. 편도체를 제어하고 뇌 안에 항불안 화학 물질

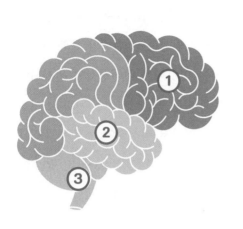

① **전전두피질(인간의 뇌)**
- 감정 조절
- 기획, 조직
- 우선순위 선정
- 판단, 결과 예측

② **변연계(포유류의 뇌)**
- 감정, 기억
- 성욕, 식욕

③ **뇌간(파충류의 뇌)**
- 숨 쉬기
- 체온 조절
- 맥박 조절

이 분비되도록 하여 편안하고 차분해지도록 만든다.

우리 뇌는 안쪽에서 바깥쪽으로, 아래에서 위로 발달한다. 가장 안쪽이자 아래쪽에 있는 편도체는 본능적이고 원시적인 뇌 또는 하위뇌라고 불린다. 뇌의 위쪽 그리고 가장 바깥쪽에 있는 전전두피질은 가장 고등기관으로 인간뇌, 또는 상위뇌라 불린다.

신경과학자들은 두뇌의 발달사를 전쟁사로 표현한다. 가장 오랜 역사를 자랑하는 뇌간의 경우 독자적으로 움직이며 가장 믿을 만한 체계다. 반면에 원시뇌로 불리는 변연계와 인간뇌로 불리는 전전두피질은 지속적으로 불화를 일으키고 있다. 이 둘의 관계가 얼마나 돈독한가에 따라 인격을 갖춘 문명인으로 거듭날 수도, 아니면 시도 때도 없이 돌도끼를 들고 휘둘러대는 원시인에 머물 수도 있다. 우리가 말하는 인격 또는 인성은 이 전쟁의 결과물이다. 안타깝게도 가장 늦게 발달하는 인간뇌는 비이성적인 원시뇌에 손쉽게 제어되고 휘둘린다. 특히 사춘기는 이성적인 뇌가 그 어느 때보다도 맥을 못 추는 시기다. 따라서 원시적인 두뇌가 우리를 혼란으로 빠트리기 전에 인간뇌, 즉, 이성적인 뇌가 좀 더 빨리 개입할 여지를 마련하는 게 사춘기의 가장 큰 과제다.

🌿 아이의 뇌는 지금 리모델링 중

중학교 2학년 은주의 어머니는 은주의 방문을 열자마자 한숨이 쏟아진다. 이불은 제멋대로 방바닥에 뒹굴고, 책상에는 온갖 잡동사니와 책 무덤으로 난장판이 따로 없다. 참다못한 어머니는 은주가 학교 간 사이 큰맘을 먹고 대청소를 시작했다. 특히 쓰레기장을 방불케 하는 책상을 서랍까지 싹 뒤져서 버릴 건 버려가며 허리가 뻐근할 정도로 치웠다. '은주가 깜짝 놀라겠지?'라는 어머니의 소소한 기대는 오후에 하교한 은주의 반응에 산산조각이 났다. 고마워할 거라 기대했건만, 은주는 자신의 방, 특히 책상을 보는 순간 악다구니를 쓰며 고래고래 소리를 질렀다.

급기야 책꽂이에서 책을 모조리 꺼내 들고서는 마당 한가운데로 마구 던져버렸다. 그러고도 분이 안 풀렸는지 느닷없이 불을 붙였다. 은주의 돌발적인 행동에 당황한 어머니는 책과 함께 마음이 시커멓게 타들어 갔다.

"미친년이 따로 없더라니까요."

은주 어머니의 표현이다.

"초등학교 때까지는 멀쩡하던 아이가 사춘기가 되더니 갑자기 변했어요"라고 많은 사춘기 부모들은 호소한다. 뇌 설명만큼 이들을 안심시키는 건 없다. 그들의 뇌 속에서 한창 벌어지고 있는 '어수선한 공사'를 알지 못하면 애꿎은 아이들을 닦달하거나 또는 문제아 낙인을 찍을 수도 있다.

뇌의 발달이란 신경 세포의 수상 돌기가 필요 이상으로 발화되는 걸 의미한다. 마치 나무가 쓸데없이 웃자라는 것과 같다. 필요 이상으로 가지와 잎이 무성할 때, 나무의 성장을 위해 적절히 가지치기를 들어간다. 마찬가지로 똑똑하고 효율적인 우리 뇌는 사용하지 않는 (경험하지 않는) 수상 돌기는 과감하게 잘라내버린다. 이를 '뇌의 가지치기Synaptic Pruning'라 부른다.

1차 가지치기는 영유아 시기에 일어난다. 이때 가지치기는 생존에 반드시 필요한 기본적인 기능을 발달시킨다. 이후 2차 가지

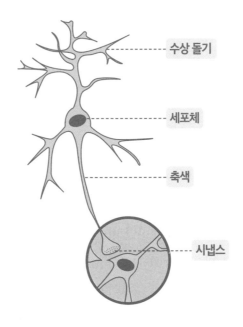

수상 돌기

세포체

축색

시냅스

치기는 사춘기 때 일어나며 전전두피질에서 대대적으로 발생한다. 지금 사춘기 자녀의 전전두피질은 리모델링 중이라 볼 수 있다. 좀 더 복잡한 환경에 적합한 다면적이고 고차원적인 사고를 위해 아이들의 뇌는 지금 이 순간에도 쉬지 않고 일하고 있다.

전전두피질의 리모델링으로 인해 사춘기 아이들은 일시적인 성장통을 앓고 있다. 한창 리모델링 중인 방에서는 생활이 불가능하다. 마찬가지로 사춘기 전전두피질의 기능은 일시적으로 개점휴업 상태에 돌입한다. 사고가 발달하지 않은 영유아들은 지극히 본능적으로 행동한다. 사춘기도 마찬가지다. 합리적이고 고차원적인 사고가 일시 정지됨으로 인해 본능적이고 충동적으로 행동한다. 즉, 기분 내키는 대로, 앞뒤 재지 않고, 막무가내로 행동한다. 지금 그들을 움직이는 건 머리가 아니라 몸과 감정이다. 따라서 말초 신경을 자극하는 것, 하고 싶은 것, 재미있는 것에 반응하는 건 어쩌면 그들에게는 당연한 일이다. 영유아는 귀엽기라도 하지, 산만 한 덩치의 사춘기는 위협적이기까지 하다.

그렇다면 전전두피질의 리모델링으로 인해 사춘기 자녀들이 겪는 일반적인 문제들을 살펴보자.

첫째, 체계적으로 판단하거나 논리적으로 사고하는 데 한계를 느낀다. 그래서 엉뚱한 짓을 하거나, 시킨 일도 제대로 못 할 때가 많다. "애가 그 큰 세탁기에 바지 하나만 달랑 넣고 돌렸지 뭐예요!" 중학교 2학년 딸을 둔 어머니의 푸념이다. 이뿐 아니라 사춘기는 결과가 뻔히 보이는 일에도 어설픈 선택과 결정을 하는 경우도 다반사다. 행동의 결과를 예측하는 것도 전전두피질의 기능이기 때문이다.

둘째, 앞서 은주의 사례처럼 사춘기가 되면 주변이 어수선해진다. 초등학교 때까지는 엄청 깔끔하던 아이가 여기저기 물건들을 늘어놓거나 지저분하게 방치한다. 나름 치운다고 해도 치우기 전과 후가 거의 차이가 나지 않는다. 대부분의 사춘기 자녀를 둔 부모들이 가장 견디기 힘들어하는 부분이기도 하다. 이 문제로 아이와 함께 상담실을 찾는 경우도 빈번하다. 지금 자녀의 방이 돼지 우리 같다면 방 상태가 바로 뇌 상태를 반영한다고 생각하라. 바닥에는 온갖 전선들과 배관들뿐 아니라 공사 자재들로 뒤죽박죽 뒤엉켜 있는 방, 그게 바로 사춘기 자녀의 뇌 상태다.

셋째, 감정을 조절하거나 충동을 통제하기가 어렵다. 이성적인 사고와 판단이 어려운 상태에서는 감정 그 자체가 자칫 무기가 되기도 한다. 닥치는 대로 감정을 휘두르다 돌이키기 어려운 상황에 빠지기도 하는 게 바로 사춘기다. 때때로 뉴스나 신문에서 보는 폭력적인 장면 등도 그 저변에는 이성적인 과정을 거치지 못한 원시적인 감정이 덩어리째 엉켜 있다.

설상가상으로 사춘기 아이들은 표정을 읽는 데도 어려움을 겪는다. 표정을 읽고 해석하는 것은 대뇌변연계가 아니라 전전두피질의 기능이다. 부모님이나 선생님 또는 친구들의 얼굴에서 나타나는 미세한 표정 등을 제대로 읽지 못하다 보니 감정적으로 부딪치는 일이 빈번하다. "왜 자꾸 기분 나쁘게 쳐다봐요!", "지금 날 못마땅하게 보셨잖아요!" 강의나 상담에서 이런 말들을 종종 듣는다. 난 그냥 쳐다봤을 뿐인데, 아이들은 내 표정을 대뇌변연계에서 충동적으로 낚아챈 뒤 제멋대로 해석해버린다. 이처럼 뇌의 급작스런 변화는 사춘기 아이들을 폭군이나 잠재적 환자처럼 보이도록 한다. 그래서 그들이 가장 많이 호소하는 게 바로 억울함이다. 제때 제대로 소화되지 못한 억울함은 분노의 씨앗이 되기도 한다.

우리 뇌는 알아서 저절로 발달하지 않는다. 뇌의 시냅스는 행동하고 생각하는 등 직접적인 경험을 통해 일어난다. 신경 세포 간 시냅스가 연결되어도 자극이 반복되지 않으면 그 영역의 시냅스는 잘린다. 어떤 환경이 주어지느냐에 따라 가지고 있는 시냅스 기능이 강화되기도 하고 약화되기도 한다. 이를 신경가소성Plasticity이라고 한다. 즉, 우리 뇌는 환경의 자극과 요구에 따라 뇌의 구조와 기능을 스스로 변화시킨다.

사춘기의 뇌는 마치 말랑말랑한 찰흙 상태와 같아서 이때 어떤 경험을 하고 생각을 하느냐에 따라 형태는 다양해진다. 이 시기를 '그냥 알아서 하겠거니'라는 안일한 생각으로 방치하게 된다면, 흙이 말라 굳어지듯 손쓸 수 없는 지경에 이를 수도 있다. 따라서 사춘기 때 적절한 뇌 발달을 위해서는 다양한 양질의 경험이 반드시 필요하다. 특히 사춘기 때는 감정적 고통과 신체적 흥분을 어떻게 다루느냐가 중요하다. 지속적이고 반복적인 경험이나 훈련은 우리 뇌에 신경회로를 만들며 이는 혼란스러운 상황이나 문제에 적절히 대처하도록 돕는다. 아이를 그대로 무질서 속에 방치할 경우 지금 현재 보이는 문제는 이후 성인이 되어서도 지속된다. 다시 말하지만, 그때는 손쓰기에는 이미 늦다.

자기 정체감을
찾아가는 시기

"대체 당신의 정체는 뭐요?"라고 누군가 묻는다면 여러분은 무엇이라 대답할 것인가? 사춘기 아이들은 자신들의 정체를 어떻게 알고 있으며, 자신을 얼마나 받아들이고 있을까?

사실 아이가 아주 어릴 때는 스펀지가 물을 빨아들이듯 부모의 가치관을 그대로 흡수한다. 그러나 사춘기가 될 무렵부터 쭉정이를 뽑아내듯이 자신의 가치관과 부모의 가치관을 구분하기 시작한다.

"왜 그래야 하는데요? 그건 엄마 생각이잖아요."

"내 인생은 내가 알아서 한다구요."

불과 몇 년 전까지만 해도 부모에게 꼬박꼬박 물어오던 아이가 이제는 부모의 간섭을 몸서리치게 싫어한다.

❧ 부모로부터 독립을 꿈꾼다

사춘기가 되면 부모와 함께 어디를 가거나 무엇을 하고 싶어 하지 않는다. 누군가 부모와 함께 가족 외식을 했다고 하면 또래들 사이에서는 자칫 덜 떨어진 '마마보이'나 '파파걸'로 취급되기도 한다. 때론 부모를 창피하게 여기는 경우도 많다.

언젠가 강의에서 한 어머니가 한숨을 쉬면서 딸에 대한 서운함을 토로한 적이 있다. 중학교 3학년 딸이 학교 복도에서 엄마를 보고도 모른 채 쓱 지나가버렸단다. 그랬더니 옆에 있던 어머니는 "그건 별것도 아니에요. 우리 딸은 아예 학교에도 못 오게 해요. 학교 상담 주간이라 가려 했더니 뭣하러 오냐고 노발대발해서 어이없었어요. 지가 다 알아서 할 거라고 화를 내더라니까요"라고 푸념했다.

영유아기를 거쳐 아동기까지는 자신의 생존을 위해 부모에게 온전히 의존하며 살아온 그들은 배은망덕(?)하게도 부모로부터의 심리적 독립을 위해 몸부림친다. 의존과 독립의 갈림길에서 이들이 생각하는 어른이란 '부모와는 다른 나'다. 즉, 부모와 멀어지는 길이 독립이라 생각한다. 부모의 의견에 사사건건 토를 달거나 저항을 한다. 소위 '머리가 굵어진' 이들은 부모의 지시를 논리적으로 비판하거나 반항하며 통제를 거부한다. 부모에게 순종하는 것은 자신의 정체성을 포기하는 것이라 여긴다. 특히 어린 시절 부모의 통제와 억압이 심했다면 이러한 반항이나 힘겨루기가 더욱 거세진다.

✿ 나는 누구일까?

사춘기는 눈에 보이는 신체 변화뿐 아니라 인지에서도 놀라울 만한 발달이 일어난다. 이 덕분에 아동기와는 차원이 다른 추상적인 사고가 가능해진다. 그래서 이들은 어느 순간 오귀스트 로댕Auguste Rodin의 '생각하는 사람'이 되어 자신의 위치나 역할, 능력에 대해서 하염없이 고민한다.

심리학자 에릭 에릭슨Erik Erikson의 심리·사회적 발달 단계에 따르면 청소년의 발달 과제는 자아 정체감 형성이다. 에릭슨은 청소년이 자신의 정체감을 제때 찾지 못하면 정체감 혼란 속에서 위기를 맞는다고 보았다. 나는 누구인가? 나는 무엇을 할 것인가? 나는 다른 사람과 다른가? 같은가? 미래의 나는 어떻게 될 것인가? 이 질문들에 대한 답은 누가 대신해줄 수 없다. 자신이 누구인지도 모른 채 유능하고 당당하게 살아가기는 어렵다. 자신의 정체감을 형성하지 못한 사람이 능력이나 가치를 온전히 실현하기란 불가능하다. 자신을 제대로 알아야 스스로에게 가장 적합하고 좋은 선택을 하기 때문이다.

사춘기들은 스스로를 미운 오리 새끼로 인식한다. 미운 오리 새끼가 자신의 정체에 대해 고민하듯 사춘기 아이들은 자신의 정체가 혼란스럽다. 분명히 신체적으로는 어른인데, 경제적으로나 정서적으로는 여전히 부모에게 의존할 수밖에 없다. 어른이 된다는 건 스스로 선택하고 결정하는 걸 의미한다. 따라서 어른의 문턱에 올라 선 사춘기는 올바른 선택과 결정을 위해 진지하게 생각하는 시간이 절대적으로 필요하다. 동화 속 미운 오리 새끼가 연못가를 떠나 이곳저곳을 돌아다니다 마침내 자신의 정체를 찾는 것처럼, 사춘기 자녀들은 부모를 벗어나 방황을 시작한다. 이러한 진지한 고민 없이 자신을 이해하기란 어렵다.

만약 미운 오리 새끼가 그저 '미운' 자신을 어찌할 수 없는 운명이라 여기고 그 상태에 머물렀다면 어땠을까? 어쩌면 오리도, 백조도 아닌 어정쩡한 삶을 살았을지도 모른다. 자신이 누구인지를 명확하게 알 때 신체적·정서적으로 안정감을 느끼며 이는 추상적 사고로도 연결된다.

그러나 정체감은 도를 깨치듯 어느 날 문득 알아차리는 게 아니다. 이는 조금씩 점차적으로 이루어진다. 정체감 발달은 청소년기에 시작되는 것도 아니며, 또 완성되는 것도 아니다. 영유아 때부터 자아감이나 독립심은 서서히 시작된다. 그러나 신체적·인지적·사회적 발달이 이루어지는 사춘기 때 비로소 아동기 정체감과 분리되어 자신의 정체를 다시 통합해가기 시작한다. 심리적 독립과정에서 자신의 생각이나 신념이 받아들여지면 긍정적인 자아상이 만들어진다. 반면에 어린 시절 부모나 사회로부터의 공감이나 지지를 받지 못한 경우, 불량스러워지거나 문제를 일으키는 등 사회적 가치에 반하는 행동을 일삼게 된다. 사회적으로 용납되는 행동을 내면화할 기회가 없었기 때문이다. 이처럼 정체감의 뿌리는 아동기까지의 경험을 바탕으로 한다는 사실을 잊어서는 안 된다.

참고로 정체감을 위한 고민이 본격적으로 이루어지는 건 사춘기 중기나 후기쯤이다. 초등학교 6학년 아이가 아무 생각 없이 천방지축 뛰어다닌다고 혀를 끌끌 찰 필요는 없다. 이때는 아무 생각이 없을 때다. 많은 연구나 논문에 의하면 정체감에 대한 진지한 고민은 대체로 중학교 졸업을 앞두고 시작되어 고등학교 내내 '고민 중' 상태로 돌입한다. 초등학교 고학년이나 중학교 정도에서는 여전히 자신의 신체 발달에 관심이 집중되며 또래집단에 의해 인정받고 수용되는 것이 훨씬 더 중요하다.

세상을 바꿀 정도의 생각과 동기는 '나만의 것'에서 나온다. 10대에 발견해야 하는 것이 바로 '나만의 것'이며, 이를 바탕으로 진짜 유능한 어른으로 자란다. 아이는 본능적으로 '자기 것'을 찾으러 고군분투하는데 부모가 사사건건 태클을 거는 건 아닌지 생각해봐야 한다. 자신의 정체감을 찾기 위해서는 부모로부터 분리되어야 한다. 부모가 모든 걸 대신 결정해주면서 아이를 독립시킬 수는 없다. 이는 아이의 옷자락을 붙잡고 어서 가라고 재촉하는 것과 같다.

🌿 정체감을 탐색할 기회를 줄 것

자신이 되고 싶은 건 정해져 있지만, 정작 그 일이 자신에게 어떤 영향을 미칠지, 자신의 가치와 얼마나 부합되는지에 대한 이해는 바닥인 상태의 아이들을 종종 만난다. 인천의 한 중학교에서 3학년 아이들과 집단 상담을 진행할 때였다.

"너희들은 커서 뭐가 되고 싶니?"

준석이 마치 준비된 정치인처럼 짐짓 어른스럽게 말한다.

"의사요!"

"의사? 멋진데? 어떤 의사가 되고 싶은데?"

"글쎄요. 그건 생각 안 해봤는데요."

상담 중 쉬는 시간에 아이들끼리 장난을 하다 한 아이가 날카로운 철제 모서리에 손을 벴다. 손가락 사이로 피가 철철 흘렀다. 그 순간 준석은 얼굴이 하얗게 사색이 되어 거의 쓰러지기 직전이었다. 심지어 토까지 할 정도였다. 손가락을 다친 건 친구인데 오히려 준석의 상태가 염려될 정도였다.

정체감 형성 과정에서 아이들마다 처한 상황은 다르다. 임상 심리학자이자 발달 심리학자인 제임스 마르시아James Marcia는 청소년의 자아 정체감 발달 정도를 4가지로 구분해서 보았다. 즉, 정체감 성취, 정체감 유예, 정체감 혼란, 정체감 유실이다.

먼저 정체감 성취는 다양한 대안을 탐색해봄으로써 자신의 정체감을 찾은 아이들을 일컫는다. 이들은 자신이 선택한 가치와 목표에 맞추어 행동하며 매사에 자신감이 넘치고 융통성이 있다. 이들은 부모와 자신의 가치관과 신념을 분리해서 생각하며 자신의 생활방식 등을 독립적으로 결정할 수 있다.

사춘기들에게 가장 많이 나타나는 유형은 정체감 유예다. 이들은 자신의 능력과 사회적 요구와 부모의 기대 사이에서 고민한다. 아직은 특정한 정체감을 확정하지 않은 상태에서 앞으로 자신의 삶을 이끌어줄 가치와 목표를 찾기 위해 적극적으로 정보를 탐색하고 모은다. 그 과정에서 수없이 갈등하고 방황한다. 자신의 정체감을 성취하는데 필요한 과도기적 단계로, 마르시아는 이 상태를 청소년기에 나타나는 지극히 건강한 현상이라고 보았다. 정체감 성취나 유예 상태의 아이들은 부모와 친밀한 관계를 유지하며 자기 의견을 자유롭게 피력한다. 이들은 추상적이고 비판적인 사고를 하며 자존감이 높다. 다른 사람을 지나치게 의식하지도 않지만, 자신을 드러내는 일도 꺼려 하지 않는다.

　반면에 삶의 목표나 가치를 잃어버린 채 적극적으로 대안을 탐색해보지도 않고 그럴 의지조차 없는 아이들은 정체감 혼란 상태다. 이들은 모든 것이 혼란스럽다. 심리적으로 불안하고 매 상황마다 쉽게 흔들린다. 이런 혼란이나 불안을 피하기 위해 쉽게 게임이나 알코올 등에 빠지며 아무것도 하지 않고 아무런 책임도 지지 않으려고 한다. '될 대로 되라'는 신조로 막무가내로 산다.

　앞선 준석의 사례처럼 어떤 아이들은 스스로 자신의 정체감에 대해서 고민하기보다는 부모나 교사 등 어른들이 일방적으로 부여해준 정체감을 별다른 비판 없이 따른다. 이를 정체감 유실 상태로 표현하며, 언뜻 편안하고 안정되어 보이기는 하나 어려움이나 시련이 닥칠 경우 와르르 무너지기 쉽다. 이들은 대체로 독단적이며 융통성이 없다. 자신이 의지하고 있는 사람에게 거부당할까 봐 두려워한다. 한때 시청률 최고치를 찍었던 JTBC 〈스카이

캐슬〉이나 SBS 〈펜트하우스〉에 나오는 청소년들이 대체로 이 부류에 해당된다. "엄마가 하래요." "아빠가 그게 가장 안정적이라는데요?" 삶의 청사진이 청소년 자신이 아니라 부모에게 있으며, 이들은 그저 그 뜻을 순종적으로 따르면 될 뿐이다. 사실 진로 교육을 하다 보면 의외로 이 유형의 아이들을 많이 만난다. 자신의 미래를 부모에게 맡긴 채 나름 최선을 다한다. 그렇게 살아가다 어느 순간 막다른 골목에서 '난 누구지?', '나는 도대체 무엇을 위해 살고 있지?', '이게 내 길이 맞나?'라는 회의가 시작된다.

나에게 딱 맞는 옷 한 벌을 사기 위해서도 수없이 많은 옷을 여러 번 입고 벗기를 반복한다. 하물며 자신의 정체감은 어떨까? 나에게 딱 맞는 정체감을 찾기 위해서는 여러 다양한 경험과 그에 따른 시행착오가 요구된다. 직접적으로 경험하면서 부딪치지 않고서는 아무것도 배울 수 없다. 그러므로 부모는 사춘기 자녀가 안전한 경계 안에서 마음껏 자신과 세상을 탐색하도록 격려하고 지지해야 한다. 자녀에게 특정한 가치와 직업 등을 강요하지 않고, 자녀가 양질의 다양한 경험을 통해 자신의 정체감을 탐색할 수 있도록 지원을 아끼지 말아야 한다.

자존감,
제대로 알고 가자

나는 유능한가?

나는 믿을 만한 사람인가?

나는 필요한 사람인가?

인간이 동물과 다른 점은 자기 존재에 대해 생각하고 존재 가치에 대해 의문을 품는다는 점이다. 정체감을 찾는 것만큼 사춘기들에게 중요한 것은 자신의 존재가 사회적으로 적합한지에 대한 확신이다. 자신이 사람들에게 받아들여지고 있는지가 중요하다. 이에 대한 확신이 없다면 자존감은 요원하다.

《자존감의 여섯 기둥》의 저자이자 수십 년간 자존감을 연구해 온 심리학자 너새니얼 브랜든[Nathaniel Branden]은 자존감의 구성 요소로 자기 존중과 자기 효능감을 들었다. 그리고 자존감의 구성 요소는 아니지만 아주 밀접한 관계에 있는 자기 수용도 자존감 이야기에서 빠질 수 없는 단짝이다.

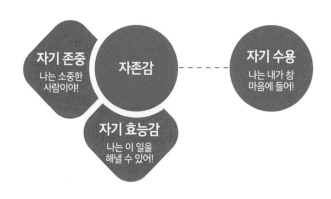

❧ 나는 소중한 사람이야!_ 자기 존중

"저는 뱀이에요!"

미술심리검사 도중 희수는 하얀 도화지에 뱀 한 마리를 그리면서 힘없는 목소리로 말한다.

"뱀이라구?"

"네, 뱀이요."

"뱀과 너랑 닮은 점이 있어?"

"음, 뱀은 징그럽잖아요. 사람들이 다 싫어하고 피하고…. 뱀은 팔다리도 없어서 아무것도 못 해요. 그리고 바닥에 딱 붙어 있으면 아무도 못 알아보거든요. 있는지 없는지도 몰라요."

희수의 부모는 희수가 3살 때 이혼을 했고 이후 희수는 엄마와 함께 살게 되었다. 기억이 생긴 이전부터 집 안에 홀로 방치되다시피 했고, 하루가 멀다고 엄마로부터 쏟아지는 막말과 비난을 견뎌야 했다. 제시간에 등교를 못 하거나 결석을 밥 먹듯이 하다 보니 학교에서의 적응도 어려웠다. 희수는 한 차례 자살 시도를 했고 서너 차례 자해를 했다.

자존감은 자기 존중을 말한다. 자신을 소중하고 중요하고 귀한 존재라 믿는다. 쓸모가 있으며 사랑받을 만한 충분한 가치가 있다고 확신한다. 스스로 자신을 존중하지 못하는 경우 생각, 감정, 행동에 부정적 영향을 미치게 되며 모든 것을 부정적 관점에서 해석해버린다.

오래전 우연히 TV를 시청하던 중 개그우먼 이영자가 나오는 토크 쇼를 본 적이 있다. "전 한 번도 사랑받아본 적이 없는 것 같아요." 방송 중 어린 시절 추억을 떠올리다가 갑작스레 눈물을 보였다. 그런 그녀가 자신은 '시녀병'에 걸렸다고 했다. 누가 자신한테 함부로 막 대할 경우 기분은 나쁘지만 자연스럽게 느껴진다. 반대로 친절하게 대하면 '어? 뭐지?' 하는 의구심과 불신이 스멀스멀 끼어든다. 그래서 더 '있는 것'처럼 행동해야 했고, 우악스럽게 살아야 했다는 그녀의 표정에서 서글픔과 슬픔이 교차되었다.

스스로를 존중하는 아이는 자신은 행복할 자격이 있고, 자신이 이룬 성취는 당연하다고 생각한다. 간혹 상담에서 만나는 아이에게 칭찬할라치면 손사래를 치며 거부하는 아이들이 있다.

그림을 굉장히 잘 그리는 시우는 나의 칭찬에 몸 둘 바를 몰라 하며 말한다.
"에잇, 거짓말 마세요. 이건 그냥 보고 그대로 베끼는 것뿐인데요."
"보고 베껴도 이 정도로 디테일하게 그리기는 쉽지 않아. 넌 그림에 소질이 있는 거야."
나의 이 말에 오히려 시우는 그리던 그림을 덮어버린다. 칭찬을 받은 아이가 아니라, 마치 꾸중을 들은 아이처럼 얼굴이 발갛게 달아올라 불편함을 감추지 못한다.

스스로의 생각이 아직 자리 잡히지 못한 영유아 시기의 아이들은 부모로부터의 메시지를 통해 자신을 이해하고 세상을 배워간다. 그들은 '좋은'이나 '나쁜' 등의 의미를 어른들을 통해서 배운다. "대체 넌 누굴 닮아서 그 모양이니?"나 "내가 너 때문에 못 살겠다"라는 말을 수시로 하는 부모들이 있다. 또는 아이 앞에서 한심하다는 듯이 한숨을 깊게 내쉬는 부모들도 있다. 부모의 이런 말과 한숨, 또는 눈초리는 내면의 메시지가 되어 아이의 심장에 덕지덕지 붙어 시간이 지나면 흉터처럼 남는다. 내면의 메시지는 자기개념을 만들며, 이는 자기 충족적 예언을 통해 운명으로 바뀌는 경향이 있다. 실제로 못난 놈처럼 군다거나 점점 쓸모없는 사람이 되어간다. 자기 존재 자체가 나쁘고 올바르지 않다는 건 존재의 가치가 없다는 뜻이다. 자신의 가능성을 최대한 실현하려 한다면 스스로를 믿고 존중해야 하지만, 그러기에는 존재에 대한 확신이 너무나 빈약하다.

이 세상 모든 아이들은 괜찮은 아이가 되고 싶은 욕구 주머니를 갖고 태어난다. 주머니의 모양이나 크기는 아이마다 다르다. 이 주머니가 제때 제대로 채워지지 않을 때 문제 행동으로 이어진다. 심리학자 알프레드 아들러Alfred Adler는 "문제아는 없다. 다만 낙담한 아이들이 있을 뿐이다"라고 말했다. 부모라면 어떤 경우라도 아이의 존엄성과 가치를 침해해서는 안 된다. 현실에서 충족되지 않은 자기 존중을 온라인 세상이나 폭력이 난무하는 세상에서 찾아 헤매도록 두어서도 안 된다. 아이 스스로 '나는 참 괜찮은 아이'라는 확신이 들도록 날마다 주문을 외워야 한다.

"네가 얼마나 소중한지 알지?"

"너는 정말 중요한 사람이야."

'낯간지럽게 어떻게 그런 말을 하지'라는 생각이 든다면 쪽지를 주고받는 방법도 있다. 강의 중 만난 어머니는 중학교 때 아버지로부터 받은 편지를 40년 가까이 지니고 있었다. 마음이 고갈되고 힘들 때는 누렇게 변한 그 편지가 보약이라고 말한다.

☙ 나는 잘해낼 수 있어!_ 자기 효능감

채령은 중학교 1학년이다. 채령의 별명은 나무늘보다. 도무지 움직이려 하지를 않는다. 집에서도 학교에서도 채령의 보폭은 몇 미터를 벗어나지 않는다. 심지어 학교에서는 귀찮아서 화장실도 참을 지경이다. 집에 와도 별반 다르지 않다. 거실 소파에 딱 붙어서 떨어질 생각을 하지 않는다. 중학교에 들어와서 체중도 급격하게 늘었다. 무기력하고 아무것도 하고 싶어 하지 않는 걸 넘어 숨 쉬는 것조차 귀찮아하는 딸이 부모에게는 큰 고민이다.

채령 어머니는 20살에 채령을 낳았다. 어쩌다 생긴 아이로 인해 이른 나이에 결혼을 했다. 자신의 청춘과 맞바꾼 아이를 정말 제대로 키우고 싶었다. 금이야 옥이야 키우는 과정에서 채령은 무엇 하나 혼자서 해볼 수가 없었다. 숟가락질조차도 혼자 할 수 없었고 옷도 내 마음대로 골라 입을 수 없었다. 채령의 모든 영역에 엄마의 손길이 미쳤다. 어린 시절 자율성과 주도성을 위해 몸부림쳐봤지만, 엄마의 굳건한 의지 앞에서 무력해져버렸다. 초등학교에 들어갔지만 여전히 채령은 혼자서 밥을 먹거나 옷을 입거나 심지어 씻는 것도 하지 못했다. 채령의 무기력은 나이가 들수록 그 무게를 더해갔고, 심지어 아무것도 하지 않기에 이르렀다. 중학교에 들어간 이후로는 모든 것에 흥미를 잃었고 움직이는 것조차 귀찮아졌다. 그제야 채령 어머니는 뭔가 크게 잘못된 것을 깨달았다.

유아기 아이들의 심리·사회적 발달 과업이 바로 자율성과 주도성이다. 부모로부터 신체적으로 독립한 유아는 자신이 하고 싶은 것을 하고자 하는 욕구가 샘솟기 시작한다. '미운 3살'에 부모와 아이의 갈등은 시작된다. 자기 의지가 생긴 어린 말썽꾸러기들은 자신들이 원하는 방식으로 세상을 탐색하고 탐험해간다. 이때 부모가 아이의 자율성과 주도성을 이해하고 존중해준다면 아이는 건강하게 성장한다. 하지만 자칫 아이의 행동을 사사건건 제재하거나 억누르면 문제가 생긴다. 해보지 않은 것에 대해서는 효능감이 생기기 어렵다. 뭐든 실질적으로 해봐야 할 수 있는 것과 할 수 없는 것을 구분하게 된다. 아이들은 경험을 통해서 많은 걸 배워간다. 그러나 채령은 이런 기본적인 과정조차도 박탈당한 채 어린 시절을 통째로 잃어버리고 말았다. 채령이 배운 건 수치심과 좌절감이 전부였다.

'미운 3살'이 신체적 독립을 위해 "내가! 내가!"를 외쳤다면, '무서운 사춘기'는 심리적 독립을 위해 "내가 알아서 한다고요!"라고 목에 핏대를 세운다. 아이가 이 말을 시작했다면 반항이나 버릇없다고 치부할 게 아니라 "드디어 네가 사춘기구나!"라고 아이의 성장을 반갑게 반겨주자. 자율성은 사춘기를 거쳐 성인이 되기까지 반드시 갖추어야 하는 필수 요소다. 부모는 아이가 스스로 결정하도록 돕고 잘못된 선택에 대해서도 존중해야 한다. 누구나 실수를 통해 배운다는 사실을 잊어서는 안 된다. 자율성이 바탕이 되어야 뭐든 시도하고 도전해볼 수 있다.

수영장의 물을 바라보며 '에잇, 나는 안 될 거야'라고 생각을 한다면 몸은 그대로 얼어붙는다. 반면에, 우리를 과감하게 물속으로 뛰어들도록 만드는 것은 바로 '최선을 다해 연습한다면 해낼 수 있을 거야'라는 확신이다. 이와 같이 자신 안에 있는 기본적인 힘이나 능력을 경험하는 걸 자기 효능감이라 부른다. 그러나 오해하지 말자. 자기 효능감은 근거 없는 맹목적 믿음이 아니다. 모든 일에 막무가내로 덤벼든다고 효능감을 키울 수는 없다. 그보다는 자신의 가치 판단에 따라 주어진 과제를 해결하는 과정에서 스스로 해낼 수 있다는 자기 신뢰가 더 중요하다.

　다양한 분야에서의 성공과 성취 경험은 자기 효능감을 키워주는 거름이 된다. 성공이라고 하면 많은 부모들은 1등이나 100점을 떠올린다. 그러나 거창하고 원대한 것만이 성공은 아니다. 일상에서의 아주 작은 성공 경험이면 충분하다. 부모는 크든 작든 자녀가 많은 성취를 경험할 수 있도록 도와야 한다. 자녀가 주저앉아서 꿈쩍도 하지 않으려 할 때는 욕을 퍼부으며 등짝을 때릴 게 아니라 이전의 성취 경험을 떠올리도록 자극할 필요가 있다. 때로는 말 한마디가 아이를 일으켜 세우기도 한다.

　"예전에 너 자전거 처음 타던 때 기억나니? 몇 번 넘어지기는 했지만, 금방 균형을 잡고 혼자 타는 걸 보고 엄마가 얼마나 놀랐는지 몰라. 참 대단하다는 생각을 했지."

　지금쯤 생각에 잠긴 부모들이 많으리라 짐작된다. '우리 애가 대체 어떤 성취를 했지?' 아무리 기억 창고를 뒤적여봐도 도무지 찾을 수 없어 애가 탄다. 없다면 지금부터라도 시작하면 된다. 아이가 어릴 때 육아 일기를 쓰듯이 사춘기 자녀를 둔 부모라면 자녀의 '성취 목록'을 기록하는 것도 좋은 방법이다. 어린 시절부터 지금까지 아이가 해낸 일, 어려움에 처했지만 극복해냈던 일, 하다못해 극복하지 못했지만 이후 자연스럽게 해결된 일들을 기억나는 대로 기록해두자. 무엇보다 중요한 건 바로 지금이다. 눈앞에 있는 아이에게 집중해보자. 아이 안의 가능성과 잠재력을 샅샅이 찾겠다는 의지로 아이를 관찰해보자. 무엇이든 의식적인 자각이 중요하다. 어쩌면 생각지도 못한 것들을 발견하고 놀랄지도 모른다. 이렇게 만들어진 성취 목록은 아이가 휘청거리거나 넘어질 때 꽉 잡을 수 있는 동아줄이 된다. 강의에서 만난 어느 어머니는 성취 목록을 예쁘게 꾸며서 액자에 담아 딸의 20살 생일 선물로 주었다고 한다.

삶을 살아간다는 건 자기 의지로 결정하고, 결정한 일을 해내는 과정의 연속이다. 시도를 해야 더 많은 결과를 얻게 되고 그 경험을 통해 배워간다. 그러나 모든 경험이 자기 효능감을 키워주지는 않는다. 경험을 통해 무언가를 발견하고 깨닫는 게 중요하다. 사춘기의 크고 작은 사고도, 그 사고를 통해 무언가를 배우고 깨닫는다면 소중한 자산이 될 수 있다. 사춘기의 시행착오를 두 팔 벌려 환영하라. 시행착오는 사춘기의 특권이다. 아무것도 경험하지 않는다면 아무것도 배울 수 없다. 넘어져봐야 일어서는 법을 배운다. 어른이 된다는 건 무수한 경험과 그 경험 속에서 지혜를 깨닫는 과정이다. 사춘기 부모라면 아이가 넘어지는 걸 무서워할 게 아니라 걸음조차 떼지 않는 걸 두려워해야 한다.

❧ 나는 내가 참 마음에 들어!_ 자기 수용

자존감이 높은 아이는 자기 존재를 있는 그대로 수용한다. 이들은 자신을 부풀려서 과대 포장하지 않는다. "나 이런 사람이야!"라고 거들먹대며 자신이 아주 근사하고 멋지다는 착각 속에 살지 않는다. 오히려 있는 그대로의 자신을 객관적으로 살펴볼 줄 안다. 볼품없고 부족한 자신의 빈틈들을 용기 있게 드러낼 수 있다. 다시 말해, 자존감이 높은 아이는 자신의 장점이나 강점은 물론 단점이나 약점도 정확히 안다. '뭐 어때? 이게 난데?'라는 마음으로 자신의 모든 측면을 보듬고 끌어안는다. 긍정적인 측면은 적극적으로 활용하고 키워가지만 부정적인 측면은 마음을 다해 보완하려 든다.

얼마 전 신문 기사에서 본 내용이다. 외국의 한 청년이 온라인으로 면접을 보던 중 겪은 일을 SNS에 공개해 이슈가 되었다. 아무래도 온라인으로 보는 면접이다 보니 화면 너머로 집이 고스란히 공개가 되었다. 그런데 이때 한 면접관이 실소를 지으며 "못사는 사람들의 집은 저렇게 생겼군"이라고 옆에 앉은 면접관에게 말했다. 이 말을 들은 청년은 어떤 생각이 들었을까? 나라면 이 말을 듣는 순간 모욕감으로 얼굴이 달아올랐을 것 같다. 아마도 어버버거리다 면접을 망쳤을지도 모른다. 그러나 그는 이렇게 말했다.

"네, 맞습니다. 저는 가난합니다. 그래서 저한테는 이 일이 더욱더 중요합니다. 제게 기회를 주십시오."

만약 그가 자신의 가난을 부끄러워했다면 어땠을까? 자신의 치부를 들켰다고 생각하며 황급히 가리려 들거나 오히려 역정을 내며 면접을 망칠 수도 있다.

자신을 받아들인다 하여 무턱대고 좋아하는 걸 의미하지는 않는다. 누구나 자신의 모습 중 마음에 들지 않는 부분이 있다. 자기 수용은 그러한 부분까지도 자기 자신의 일부로 받아들이는 걸 의미한다. 자존감이 높은 사람은 자신이 보고 느끼고 생각하는 그대로를 편안하게 받아들인다. 이처럼 자기 수용은 자신의 생각과 감정, 나아가 행동의 결과에 대해서 수용하는 걸 말한다. '난 뭐 이렇게 멍청한 생각을 하고 있는 거지?'가 아니라, '이런 생각을 하고 있구나. 그럴 수도 있지 뭐'라고 받아들인다.

마찬가지로 자신의 감정에 대해서도 편안하게 받아들인다. 엄마의 말에 서러움이 복받쳐 오를 때, '난 나쁜 놈이야. 엄마를 이해하지 못하다니!'라고 자신을 비난하지 않는다. 그저 '나는 지금 굉장히 서러워. 난 단지 사랑받고 이해받고 싶었을 뿐인데…'라며 자신을 위로한다. 또한 친구에게 화가 났을 때, "너 때문에 화가 나잖아!"라고 탓하지 않는다. 자신의 감정에 대해서는 자신에게 책임이 있다는 걸 안다. 물론 행동에 대해서도 마찬가지다. 자신이 한 행동의 결과에 대해서는 자신에게 책임이 있다는 걸 알고 수용한다.

사람은 누구나 성장하고 변화하기 위해서는 반드시 자기 수용이 전제되어야 한다. 자신을 받아들인다는 것에는 실수와 잘못도 포함된다. 내가 저지른 실수와 잘못을 인정하면 그로부터 자연스럽게 배우고 성장하게 된다. 스스로 받아들이지 못하는 실수에서는 아무것도 배울 수 없다. 간혹 상담이나 교육에서 아이의 자존감이 손상될까 두려운 마음에 아이의 잘못을 무조건 무마하고 축소시키려는 부모들을 만난다.

"우리 아이가 절대 그럴 리가 없어요."

"아직 어린애가 실수를 할 수도 있지. 뭐 그 정도 가지고 이렇게 호들갑을 떠는 거요?"

이런 부모는 문제나 처벌로부터 아이를 보호할 수는 있겠지만 아이의 자존감은 크게 위축된다. 이는 자신의 실수로부터 배울 수 있는 소중한 기회를 부모가 빼앗아버리는 것과 같다. 이 경우 부모의 말을 방패로 삼아 아이는 부모 뒤에 숨기에 급급해진다. 어느 순간 힘에 부친 부모가 "그 정도는 네가 알아서 좀 해!"라는 말을 할 때는 이미 늦다. 자신의 행동에 대해 다른 사람 탓을 하게 되는 순간 우리는 통제 능력을 잃게 된다. 스스로 온전히 책임질 때 비로소 자신이 주체가 되어 문제의 실타래를 풀 수 있다. 이런 자기 통제 능력은 자존감의 뿌리가 된다.

그런 의미에서 아이의 문제 행동 때문에 부모성장학교에 참석한 어느 어머니의 말은 많은 걸 생각하게 한다.

"저는 오히려 이 사건이 다행이라 생각해요. 아이나 저나 이 실수로 많은 걸 깨닫고 배우게 된 거 같아요. 이걸 계기로 아이와 정말 많은 대화를 나누었어요. 무엇보다 부모로서 내가 그동안 무얼 놓치고 있었는지를 알게 된 점에 감사하죠."

❦ 수치심으로 고통받는 아이들

모든 아이들은 자기 존재가 부모나 또래, 나아가 사회에서 받아들여지기를 바란다. 그들로부터의 승인이 절실히 필요하다. 만약 부모로부터 존중받지 못하면 자신의 존재 안에서 문제를 찾는다.

'내가 사랑스럽지가 않은 거야.'

'나는 나쁜 사람이야.'

구멍 난 자존감의 자리를 수치심으로 꽉꽉 채운다. 자신을 괜찮은 사람이라고 확신하는 것이 자존감이라면, 수치심은 자기 존재 자체가 문제라고 인식하는 것이다. 존재 자체를 결함으로 여길 때

이들은 다른 사람들의 시선으로부터 자신을 철저히 숨긴다.

수치심을 가리기 위해 아이가 취할 수 있는 방법은 여러 가지다. 그중 하나가 세상에 둘도 없는 착한 아이 되기다. 자신이 원하는 걸 하는 건 잘못된 일이지만 부모의 기대에 부합하는 건 옳은 일처럼 여겨진다. 그래서 부모의 생각과 말로 자신을 빚어낸다. 부모뿐 아니라 다른 사람들에게 좋은 아이로 남고자 끊임없이 베풀고 희생한다. 잘못된 희생은 '나'를 야금야금 갉아먹는다. 또는 수치심을 꽁꽁 싸맬 수 있는 화려한 포장지를 찾는다. 성적을 올리기 위해 애쓰고, 하는 모든 일에서 성과를 내기 위해 노력을 쥐어짠다. 겉보기에는 더없이 자신만만하고 당당한 아이처럼 보인다. 그러나 속으로는 본래의 자기 모습을 들킬까 봐 전전긍긍한다. 나아가 자신의 성과나 성취를 위해 언제든 잘못된 방법이라도 취할 수 있다. 이들은 존재 자체에 스포트라이트를 받은 경험이 거의 전무하다. 오로지 눈에 띄는 성과를 냈을 때만 부모의 관심과 애정이 쏟아졌다. 그래서 성과나 성취에 목을 맨다. 그것만이 존재가 인정받는 유일한 길이라는 걸 알기 때문이다.

2011년 미국에서 명문으로 꼽히는 토머스제퍼슨과학기술고등학교에서 한인 학생 2명이 교사의 컴퓨터를 해킹하여 성적을 조작한 사건이 벌어졌다. 이 사건으로 그들은 퇴학을 당했다. 해킹 자체도 놀랄 일이지만, 더욱 놀라운 것은 그들의 원래 점수였다.

일부 과목은 이미 A를 받았지만 A⁺로 점수를 조작했다. 그들은 학교에서 이미 상위권에 속했다. 그러나 그들에게는 A라는 점수 자체도 부끄럽고 창피한 점수였다. 최고가 아니라면 아무런 의미가 없었다.

"부모님은 우리가 항상 최고 점수를 받을 것이라 기대합니다. 그런 심리적 압박에 짓눌려 이런 잘못을 저질렀습니다."

그들의 말이었다. 그저 100점을 받아야만, 1등을 해야만 부모의 칭찬과 인정이 뒤따랐기 때문에 그들로서는 A⁺를 뺀 모든 점수는 받아들이기가 어려웠다. A⁺가 아니면 만족하지 못하는 아이들, 수단과 방법을 가리지 않고서라도 최고가 되어야 비로소 자신의 존재가 증명된다고 믿는 아이들, 누가 사춘기를 비교와 경쟁 속으로 떠미는 걸까? 누가 이들을 수치심으로 내모는 걸까? 매 순간 자기 존재에 대해 불편함을 느끼며 오롯이 '나'로 살기 힘든 세상에서 그들이 선택할 수 있는 건 얼마나 될까?

자존감의 중심에는
감정과 생각이 있다

아빠와 중학교 3학년 아들이 동네 공원에서 자전거를 타고 있다. 아빠가 앞서가고 아들은 멀찍이 떨어져서 뒤를 따르고 있다. 그런데 아들이 잠시 한눈을 팔다가 돌부리에 걸려 크게 넘어지고 말았다. 주변에서 사람들이 하나둘씩 모여들며 괜찮냐고 걱정해 준다. 아무것도 모르고 속도를 내서 달리던 아빠는 뒤늦게 사실을 알고 헐레벌떡 아들에게 달려왔다.

"아빠, 죄송해요. 잘못했어요."

아들이 아빠에게 제일 먼저 한 말이다. 아들은 왜 아빠에게 미안했을까? 뭘 잘못했다는 걸까? 다친 사람은 아들이다. 아픈 것도 아들이다. 아들이 왜 사과부터 먼저 했는지 이유를 알 수 없어 답답하다는 아빠. 몇 년 전 아버지 교실 강연에서 만난 성운 아빠의 이야기다. 성운이처럼 자신의 경험 속에서 '나'를 빼버리는 아이들을 종종 만난다. 자신이 무엇을 느끼고, 어떤 생각을 하는지보다 다른 사람에게 어떤 영향을 미치는지가 더 중요하다. 중대한 상황에서의 모든 결정은 내가 아닌 다른 사람의 시선에서 이루어진다.

자존감은 2가지로 해석이 가능하다. 첫 번째는 우리가 흔히 말하는 자존감自尊感이다. 즉, 스스로를 높이고 존중한다는 의미다. 다른 하나는 자존감自存感이다. 스스로 존재하는 걸 의미한다. 자신이 삶의 주인공이 되어 주체적으로 살아갈 때 자존감은 올라간다. '나'가 빠진 삶은 생각하기 어렵다.

그렇다면 '나'를 구성하는 게 뭘까? 다른 사람과 나를 명확하게 구분 짓는 것은 뭘까? 마치 양파 껍질처럼 모든 겉껍질을 뜯어내고도 끝까지 남는 건 바로 자신의 생각과 감정이다. 우리 존재의 중심에는 생각과 감정이 자리 잡고 있다. 동물과 달리 사람은 스스로 생각하고 판단하고 결정한다. 이런 판단과 결정에는 감정이 개입된다. 감정은 우리에게 많은 정보와 메시지를 준다. 우리가 지금 이 순간 무엇을 원하는지, 무엇을 불편해하는지에 대한 모든 정보는 감정에 담겨 있다고 해도 과언이 아니다. 따라서 감정과 분리된 채 살아가는 건 혼란스럽고 불안정하다. 건강한 자존감은 다름 아닌 자신의 생각과 감정을 책임지는 걸 의미한다.

⸛ 감정의 위기를 맞는 아이들

학교 폭력 가해 행동으로 인해 집단 상담이 의뢰되어 찾아간 복지관에서 고등학교 1학년 4명을 만났다. 가장 먼저 눈에 들어온 건 한가운데가 움푹 들어간 테이블이었다. 한눈에 봐도 두꺼워서 웬만한 힘으로는 끄떡도 없을 테이블이었다. '뭐지?'라는 생각이 들었다. 그런데 뒤이어 들어오는 4명의 아이들 중 유난히 덩치가 큰 아이의 손에 감긴 깁스를 보았다. 게다가 한여름인데 벽걸이 에어컨이 가동되지 않았다. 무슨 일인지 궁금해하는 나에게 한 아이가 귀찮다는 듯 대답한다.

"화가 나서 물을 퍼부었더니 저렇게 되었어요."

"에어컨에 물을 들이부었다고?"

4명의 아이들이 동시에 긍정의 고개를 끄덕였다.

그해 여름은 유난히도 더웠던 기억이 있다. 일주일간의 상담 기간에 흘린 땀이 몇 리터는 족히 되었으리라.

감정은 우리가 성장하고 발전할 수 있는 디딤돌이 되기도 하지

063

만, 때에 따라 걸려 넘어지는 걸림돌이 되기도 한다. 감정을 자신의 디딤돌로 삼느냐, 아니면 걸림돌이 되도록 방치하느냐는 사춘기 아이들에게 가장 중요한 과제이기도 하다. 감정 그 자체는 우리의 생존과 적응에 없어서는 안 될 중요한 요소다. 감정이 우리에게 전하는 메시지는 명확하다. 지금 이 순간 나에게 가장 중요한 게 무엇인가? 충족되지 않은 나의 욕구가 무엇인가? 어떤 선택과 결정을 내려야 하는가? 이에 대한 모든 정보는 감정으로부터 주어진다. 감정을 통해 무언가를 배울 수도 있고 헤매지 않고 도착지까지 잘 안내받을 수도 있다. 하지만 감정이 우리를 반드시 정답으로만 이끌어주지는 않는다. 여기에는 깊은 생각과 현실 검증이 필요하고, 이는 이성의 적극적 협조를 필요로 한다.

감정 조절의 핵심은 전전두피질이 변연계를 제어할 수 있도록 두뇌를 훈련시키는 일이다. 화가 나서 자기도 모르게 친구에게 주먹을 날리려는 순간, '이건 아니지. 이렇게 흥분해서 폭력을 쓰는 건 옳지 않아'라는 생각이 개입된다. 이런 생각은 충동적인 행동을 멈출 수 있는 잠깐의 틈을 만든다. 사춘기 아이들이 반드시 배워야 하는 건 감정에 생각을 입히는 일이다. 감정에 생각을 입히는 일은, 칼날에 헝겊을 두르는 것과 같다. 감정이 날 것 그대로 자신과 타인을 찌르지 않도록 감정에 대해 온전히 책임지는 일은 어쩌면 학습보다도 더 중요한 일이다.

4차 산업 혁명에서 요구되는 인재의 조건 중에는 공감 능력이나 도덕성을 빼놓을 수 없다. 이제는 모든 것이 투명해지고 있다. 고도 정보화 사회에서는 누구든 쉽게 모든 정보에 접근이 가능하다. 뒤집어 말한다면 그 어떤 정보든 공개되는 데 몇 초가 걸리지 않는다. 이는 볼일을 보는 중에 화장실 문이 벌컥 열리는 것과 같다. 절대로 들키고 싶지 않은 나의 치부나 상처 등 살아온 흔적이 모두에게 까발려지는 건 시간문제다. 따라서 오늘을 살아가는 우리는 높은 수준의 도덕성을 강요받는다. 멀리 갈 것도 없이 사회 지도층이나 연예인들을 보면 쉽게 알 수 있다. 잘나가던 사람들이 과거의 잘못된 행동으로 인해 어느 한 순간 나락으로 떨어진다. 문제는 이런 높은 수준의 도덕성이나 인성에 대한 요구가 비단 연예인뿐 아니라 일반인에게조차 확대되고 있다는 데 있다.

수년 전 소위 말하는 SKY대학을 입학하자마자 고교 시절 친구를 괴롭혔던 이력이 들통나 전 국민에게 신상이 공개되는 사건이 있었다. 반인륜적이고 비도덕적인 행위는 온라인상에서 정보망을 타고 화선지에 먹물이 번지듯이 순식간에 퍼진다. 이름을 바꾸고 얼굴을 고쳐도 소용이 없다. 이제는 스펙뿐 아니라 주변과 원만하게 소통하는 능력, 다른 사람을 이해하고 공감하는 능력, 스스로를 적절히 조절하고 통제하는 능력이 반드시 요구된다. 그중 가장 기본은 바로 공감력과 도덕성이다. 미래를 살아야 할 우리 아이들의 자원은 감정에 있다. 감정을 다루는 법은 이제 선택이 아니라 필수다. 그러나 이 능력은 머리카락처럼 시간이 지난다고 저절로 자라지 않는다. 지속적이고 반복적인 연습과 훈련이 필요하다.

⚘ 생각을 잃어버린 아이들

하루 중 우리 아이에게 가장 많이 하는 말이 무엇인가? 대체로 "숙제는 했니?", "게임 그만해!", "TV 그만 봐라", "책 읽어야지" 등 명령이나 지시의 말이 가장 많다. 생각하지 않도록 훈련하는 가장 빠르고 효과적인 방법이 바로 명령과 지시다. 명령을 받는 아이들은 생각할 필요가 없다. 시키는 대로 하면 된다. "닥쳐!", "조용히 해!" 또는 "말 같지도 않은 소리를 하냐?" 등은 아이의 생각을 존중하지 않는 가장 흔한 말들이다. 사춘기 즈음 되는 아이에게는 "귀신 씻나락 까먹는 소리 좀 그만해라"나 "어이구, 뚫린 입이라고!" 정도의 말들이 마구 쏟아진다. "아니, 그게 아니구요"라며 행여 아이가 토를 달기라도 하면 한바탕 난리가 난다. "아니긴 뭐가 아니야. 너 지금 아빠 말에 대드는 거야? 어디서 배운 버릇이야." 자기 생각을 표현하는 순간, 늘 부모와 원수가 되어야 한다면 아이가 할 수 있는 게 뭘까? 이보다는 덜 직접적이지만 교묘하게 아이의 생각을 차단하는 부모도 있다. '너는 움직이기만 해! 생각은 엄마가 다 해줄게!'와 다름없는 태도로 아이를 대하는 경우다. "시간 없어. 얼른 해." 모든 스케줄은 이미 완벽하게 짜여 있다. 아이는 스케줄대로 움직이면 된다.

생각은 말을 통해 드러난다. 즉, 아이의 말은 아이의 생각을 반영한다. 그런데 아이의 말에 부모가 위와 같이 반응한다면 아이는 그 순간 배우게 된다. '아, 내 생각 따위는 중요하지 않구나.', '생각은 별 의미가 없구나.' 생각에서 점점 힘을 빼버린다. 생각이 점점 메말라간다. 혈관이 좁아지면 심근 경색이 오듯이, 어린 시절부터 생각의 통로를 조금씩 막아버리면 결국에는 이성이 마비된다.

앞서 사춘기 뇌에서 전전두피질이 중요하다고 말한 바 있다. 논리적이고 추상적인 사고 발달을 위해 전전두피질은 대대적인 공사에 돌입하고 이는 생각지도 않은 위기를 부른다. 독립적인 사고를 위해 불철주야 노력해도 부족할 판에 오히려 부모가 생각의 통로를 막아버린다면 그 결과는 불 보듯 뻔하다.

실제로 사춘기 아이들에게 질문을 하면 가장 많이 듣는 대답이 "모르겠는데요"와 "글쎄요"다. 그나마 이런 대답이라도 해주면 감사할 따름이다. 대부분은 '안물안궁'의 자세를 견지한다. 즉, 아무것도 안 물어보고, 안 궁금해했으면 좋겠다는 의지를 온몸으로 피력한다.

이렇게 생각의 힘을 잔뜩 빼놓고는 어느 순간 발등에 불이 떨어진 부모는 아이를 다그치기 시작한다. 특히 아이가 스스로 알아서 해야 할 게 산더미처럼 많아지는 사춘기 때, 부모와 아이의 갈등은 정점을 찍는다.

"대체 넌 생각이란 게 있는 거니? 없는 거니?"

"생각 좀 하고 살아라."

"네 머리는 장식이니?"

어린 시절부터 부모에게 생각을 저당 잡힌 아이들은 경험해보지 않은 '생각' 자체가 낯설다. 생각하는 방법을 가르쳐주지 않았는데, 대체 어떻게 생각하라는 걸까? 아이들은 그저 황당하고 혼란스러울 뿐이다. 그렇게 대부분의 아이들은 사춘기를 맞는다.

의식하거나 의식하지 못하는 사이 4차 산업 혁명의 파고는 엄청난 속도로 우리를 덮치고 있다. 알파고^{AlphaGo}와 왓슨^{Watson}으로 대표되는 AI가 등장하면서 이제는 단순 노동뿐 아니라 고차원적이고 고도로 지적인 정신 노동의 영역까지 침범해 들어오고 있다. 그렇다면 이제 부모 또한 시대 변화에 맞는 준비를 할 수 있어야 한다. 20~30년 전 부모 세대의 경험만으로는 부족하다. 이제는 인공 지능이 해내지 못하는 상상이나 통찰이 중요해지는 건 물론 인공 지능과의 협업이 가능해야 한다. 상상이나 통찰은 바로 인간 뇌 영역의 산물이다. 이제는 자녀의 전전두피질이 발달할 수 있도록 적절한 자극과 훈련 또는 경험을 등한시하다가는 큰코다친다.

사춘기는 생각을 자신의 언어로 표현할 수 있어야 한다. 다양한 경험을 토대로 이렇게도 생각해보고 저렇게도 생각해보면서 스스로 생각하는 힘을 길러야 한다. 생각하는 법을 배운 아이와 생각과 담쌓은 아이의 차이는 사춘기 이후 확연하게 드러난다. 영유아기에 대소변을 가리게 되면 기저귀를 떼는 것처럼 사춘기가 되면 생각에서도 기저귀를 떼야 한다. 죽이 되든 밥이 되든 스스로 생각하고 판단하도록 격려해야 한다.

사춘기 때 꼭 키워야 할 3가지 자존감

폴 맥린의 삼위일체의 뇌를 기억하는가? 삼위일체라는 의미는 3가지의 독립된 영역이 하나의 목적을 위해 연관되고 통합되는 걸 말한다. 앞서 사춘기의 뇌를 읽고 이성을 담당하는 전전두피질만을 인간의 뇌라고 생각한다면 오해다. 인간의 뇌가 뛰어난 것은 어느 한 기능 때문이 아니라 각 영역들이 서로 유기적이고 통합적으로 기능하기 때문이다. 우리가 미처 의식하거나 깨닫기도 전에 뇌간과 변연계, 그리고 변연계와 전전두피질이 서로 연결되어 영향을 주고받으며 통합된다. 쉽게 말해, 몸과 감정, 감정과 생각은 서로가 서로에게 영향을 미친다. 어른이 된다는 건 이 3가지 영역이 유기적으로 소통하고, 건강하고 균형 있게 발달이 된다는 의미다.

아주 어린아이는 본능적으로 반응한다. 자신의 욕구가 충족되지 않을 때 막무가내로 구는 것이 그다지 이상하지 않다. 그게 잘못되고 창피하다는 걸 깨닫기에는 아직은 사고 영역이 서툴고 미성숙하다. 그러나 어른은 다르다. 20대 아들이 엄마가 물건을 사주지 않는다고 마트 바닥에 드러누워 발버둥을 친다고 생각해보라. 뉴스에 나올 일이다. 어른이라 해도 자신이 원하는 걸 충족하지 못할 경우 화가 난다. 하지만 감정이 울퉁불퉁 튀어오를 때 이성적이고 논리적인 사고가 즉각 개입하여 적절한 반응을 이끌어내는 건 어른에게 요구되는 능력이다.

이처럼 몸과 감정과 생각이 균형 있게 발달되어 통합적으로 기능할 때 자존감도 더불어 건강하게 유지된다. 따라서 이 책에서는 사춘기 자녀들이 반드시 키워야 할 자존감을 3가지 영역에서 살펴보려 한다. 이해하기 쉽게 몸 자존감, 관계 자존감, 공부 자존감이라 이름 붙였다. 먼저 각각의 영역을 간단하게 소개하면 다음 그림과 같다.

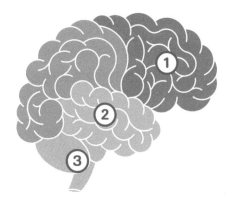

① 전전두피질(인간의 뇌)
  •공부 자존감

② 변연계(포유류의 뇌)
  •관계 자존감

③ 뇌간(파충류의 뇌)
  •몸 자존감

🌱 있는 그대로 존중하고 수용한다_몸 자존감

몸이 없이 우리는 현실에 존재할 수 없다. 몸은 생각과 감정을 담는 그릇이며, 우리를 세상에 드러내는 방식이다. 만약 몸 그릇에 금이 가면 생각과 감정은 온전하기가 어렵다. 신체의 급격한 변화는 사춘기를 당혹하게 만들 뿐 아니라 의식이 미처 준비되기도 전에 어른의 세계로 무분별하게 빠져들도록 유혹한다. 이들은 급격한 신체 변화로 인해 쉽게 스트레스를 받는다. 때때로 몸에 대해 거부감이나 이질감을 느끼기도 하고, 몸이 경쟁이나 과시의 수단이 되기도 한다. 사춘기 과제에서 우선순위는 자신의 몸을 어떻게 인식하고 받아들이느냐다. 그러므로 사춘기 자녀를 둔 부모는 몸 자존감에 대해 제대로 알고 도와줄 필요가 있다.

몸 자존감은 몸을 있는 그대로 존중하고 수용하는 걸 의미한다. 자신이 자기 몸의 주체임을 안다. 또한 몸의 기능을 제대로 활용하여 이루고자 하는 목표를 성취하는 걸 의미한다. 몸 자존감이 높은 아이는 자신의 몸을 한낱 도구로 여기지 않는다. 자신의 몸을 과시하거나 보이기 위한 수단으로 여기지 않고 몸 자체를 존중하고 애지중지한다. 자신의 몸 감각을 알아차리고, 몸이 자신에게 보내는 메시지에 귀 기울일 때 몸 자존감은 올라간다.

☘ 자기 자신이 주체가 된다_관계 자존감

사춘기는 호르몬과 뇌의 변화로 인해 정서적 위기에 직면한다. 하루에도 수십 번 출렁대는 감정에 어찌할 바를 모른다. 여기에 아동기까지 꾹꾹 눌러놨던 감정 문제들이 더해지면 상황은 더 심각해진다. 정서적 욕구들을 어떻게 충족시켰느냐에 대한 결산이 사춘기 때 비로소 시작된다. 아동기까지는 겉으로 드러나지 않던 문제들이 밖으로 쏟아져 나오는 때가 바로 사춘기다. 이때 경험하는 관계의 질은 이후 성인기까지 이어진다. 만약 관계에서 어려움을 겪는다면 다른 모든 영역으로도 문제가 확산되기 쉽다. 따라서 사춘기 때 관계나 감정에 대해서만큼은 반드시 교육이 필요하다.

감정은 관계를 이루는 가장 작은 단위 요소다. 건강한 관계를 맺기 위해서는 감정을 다루는 능력이 요구된다. 관계 자존감은 자신뿐 아니라 타인의 감정과 욕구 등을 이해하고 존중하는 걸 말한다. 관계 자존감이 높은 아이는 자신의 감정과 충동을 적절히 조절하고 통제한다. 나아가 상대방의 감정을 알아차리고 공감한다. 자신뿐 아니라 상대가 처한 상황이나 맥락을 객관적으로 이해하려고 노력한다. 섣불리 판단하지 않고 상대의 입장에서 생각해보는 경험이나 노력이 가장 절실한 때가 바로 사춘기, 지금이다.

⚘ 삶의 방향을 스스로 정한다_공부 자존감

만약 이 세상에서 공부가 사라진다면 어떻게 될까? 아마도 사춘기의 삶이 달라지지 않았을까? 사춘기와 공부는 떼려야 뗄 수 없는 애증의 관계다. 공부와 관계를 잘 맺을 때 건강한 성장이 가능하다.

사춘기는 독립적인 사고가 시작되는 시기다. 스스로 결정하고 선택하는 과정에서 반드시 필요한 것이 바로 '스스로 생각하는 힘'이다. 공부를 할 때 사고의 힘은 커진다. 진로 또한 이러한 사고를 바탕으로 이루어진다. 사춘기에는 자신의 미래를 어떻게 만들어갈 것인지에 대한 깊은 고민이 시작되며, 다양한 경험과 훈련이 요구된다. 이때 생각하는 힘을 기르지 않으면 이후 성인이 되어서도 자율적이고 주도적으로 살지 못하고 주변인 처지가 될 수도 있다. 사춘기 때 공부 자존감이 중요한 이유가 여기에 있다. 공부 자존감은 '나'가 공부의 주체가 된다는 의미다. 공부의 중심에 '나'가 자리 잡을 때 공부하고자 하는 동기는 물론 어떻게 살 것인가에 대한 목적을 분명히 할 수 있다.

공부 자존감이 높은 아이는 공부하는 이유를 알고, 이루고자 하는 목표를 분명히 하며, 그 과정을 즐기면서 갈 수 있다. 공부는 사고의 결정체다. 스스로 생각하는 힘을 기르는 과정이 바로 공부다. 사실 공부 자존감은 우리가 흔히 생각하는 학습에만 한정되지 않는다. 살아가는 과정에서의 모든 경험과 깨달음이 공부가 될 수 있다. 공부는 지루한 시간을 견디는 것도 아니고, 싸워서 이겨야 하는 것도 아니다. 사춘기, 심리적 독립이 시작되는 이 시기에 삶의 목표를 고민해야 한다.

✿ 자존감에도 균형이 중요하다

리비히의 최소량의 법칙이 있다. 식물의 생산량은 생육에 필요한 최소한의 원소 또는 양분에 의하여 결정된다는 법칙으로, 식물의 생육을 결정짓는 것은 가장 소량의 원소 또는 양분이라는 의미다. 이 법칙은 사춘기에게도 적용된다. 사춘기의 성장과 발달에 결정적인 영향을 미치는 것은 다름 아닌 가장 취약한 영역이라 볼 수 있다. 만약 관계 자존감이 취약하다면, 공부 자존감이 아무리 높아도 결국 관계 자존감의 수준이 아이의 자존감을 결정짓는다고 볼 수 있다. 쉽게 말해, 공부 효능감도 높고 공부도 잘하는 아이가 친구 관계에서 겪는 갈등을 해결하지 못해 전반적으로 삶의 의욕을 상실하는 경우가 있다.

관계 자존감이 아무리 높다 해도 몸 자존감이 형편없다면 아이의 자존감은 몸 자존감 수준에서 결정된다. 공감 능력이 뛰어나지만 성적 자기 결정권 교육이 되지 않아 문제를 겪는 경우를 종종 본다. 상대에게 거절 의사를 명확히 밝히지 못하고 잘못된 선택으로 고통받는다. 많은 부모들은 이 중 어느 한쪽으로만 치우쳐서 자녀를 바라보는 경향이 강하다. (주로 공부 영역이다.) 사춘기 부모라면 각 장에서 말하는 3가지 자존감을 제대로 알고 자녀들의 건강하고 균형 잡힌 자존감을 위해 애써야 한다.

자기의 정체감을 찾아가는 사춘기는 3가지 차원에서 자신을 이해하고 성장해야 한다. 자신의 몸과 감정, 그리고 생각에 이르기까지 이 중 어느 한 가지라도 삐걱거리면 건강한 발달이 일어나지 않는다.

아이의 변화를
올바르게 인식하고 대해주세요

Q1

우리 아이가 사춘기를 잘 지나고 있다는 걸 어떻게 알 수 있을까요?

A1

여기 사춘기의 터널 한가운데를 통과하는 두 아이가 있습니다. 두 아이 모두 '편의점 털이'에 가담했습니다. 들키긴 했지만, 다행히 편의점 주인의 배려로 법적인 조치는 피할 수 있었습니다. 이때 한 아이는 자신의 잘못을 감추고 숨기기에 급급합니다. 어떻게든 무마하려고 애쓰는 반면에, 다른 아이는 자신의 잘못을 인정하고 부모에게 솔직하게 털어놓습니다. 문제 해결을 위해 부모에게 도움을 요청하는 것이지요.

전자의 경우 부모는 사안을 모르기 때문에 아무런 도움을 줄 수도 없을뿐더러, 아이는 자신의 잘못으로부터 점점 멀어집니다. 진정으로 깨닫지 못한 잘못은 반복되기 쉽습니다. 자신의 잘못을 반성하고 스스로 책임질 수 있는 값진 기회를 영영 잃어버리게 되지요. 그러나 자신의 내면과 외면을 솔직하게 드러내고 잘못을 인정하고 개선하고자 한다면 결과는 달라질 것입니다.

많은 부모들은 아이가 특별히 문제 행동을 일으키지 않으면(문제 행동이 드러나지 않으면) 안도합니다. 일반적으로 부모의 말에 토 달지 않고 순종적인 아이를 둔 부모는 만인의 부러움을 사기도 하지요. 여기에 공부까지 착실히 한다면 세상 고민이 없겠지만, 이는 사춘기를 건강하게 잘 지나는지의 판단 여부가 될 수 없습니다.

사춘기는 겉으로 드러나는 행동이 아니라 그 이면을 들여다봐야 하는 시기입니다. 아이들은 받아들여지지 않을 것 같은 감정이나 사고는 그저 감추려고만 할 수 있습니다. 문제가 자라나 터져 나올 즈음에는 부모가 아니라 고만고만한 또래들에게 달려가 상담을 하거나 지원을 요청하기도 하지요. (그래서 더 큰 문제로 빠지기도 합니다.) 특히 부모가 '이상적인 아이'에 대해서 끊임없이 강요했을 경우 아이들은 자신의 볼품없고 부족한 내면을 드러내기를 극도로 꺼리게 됩니다. 부모를 실망시키는 일이 죽기보다 싫은 아이들이 이에 해당합니다.

사춘기가 되면서 말수가 줄어들고 부모와 눈도 마주치지 않으려 드는 것은 자신의 복잡한 내면을 들키고 싶지 않은 이유도 있습니다. 따라서 사춘기를 건강하게 잘 나도록 하려면 부모는 아이의 모든 면에 열려 있어야 합니다. 사춘기를 잘 지나는 아이라면 적어도 문제가 있을 때 부모에게 적극적으로 도움을 요청합니다. 또한 자신의 감정과 기분을 말로 잘 표현하고 공감받고자 합니다. 자신의 내면을 드러내는 일이 자신에게 오히려 도움이 된다고 믿는 것이지요.

때로는 자신을 표현하는 방식이 거칠고 무례해서 문제처럼 보이지만, 오히려 침묵 시위를 하는 것보다 훨씬 더 건강하다는 것을 알아주세요. 이렇게라도 부모와 연결되어 정서적 지지를 받고 싶은 아이의 마음을 알아주어야 합니다.

Q2

자존감과 자존심은 어떻게 다른가요?

A2

다른 사람이 나를 어떻게 보든 상관없이 스스로 자신을 어떻게 인식하고 평가하는가가 바로 '자존감'이라고 볼 때 자존감은 분명 자존심과는 다릅니다. 자존감과 자존심의 공통점이 자신이 몇 점 정도 되는 사람인지에 대한 평가라면, 차이점은 평가의 기준이 어디에 있는가입니다.

자존감은 평가 기준이 자신 안에 있습니다. 다시 말해 채점을 하기 위한 해답지가 자기 안에 존재하며 절대적이지요. 쉽게 잘 바뀌지 않는 반면에, 자존심은 해답지가 바깥에 있습니다. 대부분 다른 사람들과의 비교 선상에서 어디쯤 위치하느냐에 따라서 자신의 점수를 매깁니다. 이 경우 어떤 사람들과 비교를 하는가에 따라서 우월감에서 열등감으로 큰 폭으로 오르락내리락할 수 있지요.

예를 들어 키가 160센티미터인 아이가 150센티미터 초반인 아이들에게 둘러

싸여 있다면 자신의 키를 상당히 크게 인식할 것이고 그 순간 우쭐함이 생길 수도 있습니다. 그러나 동일한 아이가 키가 큰 집단에 들어가게 되면 어떻게 될까요? 180센티미터가 넘는 친구들 모임에 들어간다고 가정해볼까요? 순간 위축되고 자신이 보잘것없게 느껴질 수 있어요. 조금 더 과장하자면 거인들의 세상에서 아무것도 제대로 할 수 없는 꼬마처럼 여겨질 수도 있습니다. 160센티미터라는 키는 변하지 않지만 어떤 아이들과 비교하느냐에 따라서 크게도 또는 작게도 느껴집니다. 이것이 바로 자존심입니다. 아이가 키워야 하는 건 자존심이 아니라 자존감입니다.

키처럼 우리에게는 자기 의지로 바꿀 수 없는 부분이 분명히 있습니다. 그렇다면 우리가 해야 하는 건 다름 아닌 있는 그대로의 자기 존재를 존중하고 받아들이는 연습이지요. 부모라면 자녀가 세상의 잣대에 휘둘리지 않고 자신 안의 가치를 찾아서 실현할 수 있도록 도와야 합니다.

Q3

우리 아이의 자존감이 높은지 낮은지를 어떻게 알 수 있을까요?

A3

우리는 흔히 공부도 잘하고 운동도 잘하고 키도 크고 잘생긴 아이를 보면서,

'쟤는 아마 자존감도 높을 거야'라고 생각하기 쉽습니다. 그러나 자존감은 말 그 대로 '감感'입니다. 즉, 주관적으로 경험하는 내적 경향성이지요. 겉으로 드러나 는 성과나 성취의 여부로 자존감을 판단할 수는 없습니다. 어떤 일을 할 때 아 이가 주체가 되어서 자기 필요에 의하여 자발적으로 하고 있다면, 자존감은 문 제가 없습니다.

예를 들어, 똑같이 공부를 하지만 공부를 하는 목적이 혼나지 않기 위해서, 나 를 증명하기 위해서 하는 아이라면 자존감은 낮습니다. 공부하는 내내 긴장과 두려움이 엄습하고 공부 자체가 즐겁지도 신나지도 않지요. 높은 성적을 받아 도 불안은 사라지지 않습니다. '다음에 성적이 떨어지면 어쩌지?'라는 생각이 떠나지를 않지요. 반면에 자신이 공부의 주체가 되어 자발적으로 하고 있다면 자존감은 높습니다. 설령 성적이 기대에 미치지 못하더라도 다시 시도하고 노 력하게 됩니다. 이들은 실패하거나 실수하더라도 이겨낼 자원이 자신에게 있다 는 걸 믿지요.

행동을 하고 있는 동기가 자존감과 영향이 있다고 볼 때, 자존감이 높은 아이는 자신의 생각과 감정 그리고 행동을 있는 그대로 수용하고 책임집니다. 또한 이 들은 긍정적이고 밝은 감정적 특성이 있으며 낙관적인 사고를 합니다. 적극적 으로 행동하고 자신의 행동에 대해서 책임지는 태도를 보입니다. 자존감이 높 다 하더라도 상황에 따라 좌절하거나 주저앉을 수는 있습니다. 그러나 자존감 이 건강한 아이는 자기 신뢰를 바탕으로 실패에 대한 회복력도 빠르지요. 일시 적으로 넘어질 수는 있으나 금세 다시 일어납니다. 넘어진 그 자리에서 뭔가를 깨닫는 것이 바로 자존감이 높은 아이의 특성입니다.

아이가 중학교 3학년입니다. 고등학교 진학도 앞두고 있는데, 도무지 아무것에도 흥미가 없고 아무리 다그쳐도 열심히 하려 들지 않습니다. 어떻게 해야 좋을까요?

A4

사춘기는 모든 게 불확실해 보이기 때문에 그 어느 때보다도 의욕이 떨어지기 쉽습니다. 자주 무기력해지고 가라앉기도 하지요. 이 시기는 많은 고민과 갈등을 경험하면서 자신의 정체감을 찾아가는 때입니다. 이럴 때 무조건 아이를 다그친다고 동력이 생기지 않습니다. 스스로 하고자 하는 생각이 들어야 하지요. 먼저 아이의 의욕을 가로막는 것이 무엇인지 찾아야 합니다.

부모는 아이가 아무것도 안 한다고 말하지만, 사실 아무것도 안 하지는 않을 것입니다. 다만 부모가 바라는 대로 하지 않을 뿐, 아이는 나름대로 고민하고 있을 수도 있습니다. 정말 아무것도 안 하고 온종일 누워서 눈만 뜨고 있다면 심리 치료가 필요합니다. 그러나 뭐라도 하고 있다면 하고 있는 그것에 관심을 기울여보세요.

예를 들어, 의욕이 뚝 떨어진 아이가 어느 날 유튜브를 보고 있다면 아이가 보는 유튜브에 관심을 줘보세요. "○○○를 보고 있구나. 재미있어?"라고 부드럽게 말을 걸어보는 거지요. 어쩌면 아이가 보고 있는 유튜브 속에 답이 있을지도 모릅니다. 즉, 아이가 보는 영상 속에 아이의 열정과 관심이 숨어 있을지도 모릅니다.

'아무것'을 '무엇'으로 바꾸는 건 다름 아닌 부모의 기대와 믿음입니다. 아이가 하고 싶은 것이 무엇인지, 잘하는 것이 무엇인지를 함께 찾고 고민해봐야 합니다. 당최 무엇을 해야 좋을지 모르는 아이에게 무조건 하라고만 독촉할 게 아니라 무엇을 할 수 있는지 함께 찾아야 합니다. 아이 안에 살아 있는 불씨를 찾아서 부채질을 해야 합니다. 이때 "너는 왜 열심히 하지 않니?"라는 말은 불씨를 밟아서 꺼트리는 것과 같습니다. '열심히'만큼 모호한 게 또 있을까요? 많은 부모는 아이에게 비현실적인 기대를 합니다. '매 순간 최선을 다해서 열심히' 노력하기란 쉽지 않습니다. 비현실적인 기대를 현실적이고 합리적인 기대로 바꾸도록 해보세요.

2장

몸 자존감,
있는 그대로 존중하고 수용한다

사랑하기엔
너무나 초라한 몸

지나다니다 보면 온갖 광고에서 '완벽한 몸매'를 위해 투자하라고 귀에 대고 속삭인다. "돼지처럼 막 살래? 완벽한 몸으로 잘 살래?" 전봇대에 붙은 홍보지의 내용이다. 노골적이고 자극적인 광고를 띄우는 의도야 이해하지만 이 세상에 완벽한 몸이 있을까? 혹여 있다고 치자. 그게 우리가 살아가는데 지장을 초래할 만큼의 문제일까? 잘생기고 못생기고의 기준은 없다. 우리 모두는 각자 나름대로 생겼다. 완벽한 몸이나 부족한 몸의 기준도 없다. 그저 각자의 기준에 따르면 된다.

🌿 몸에 살고 몸에 죽고

《백설공주》 속 왕비처럼 사춘기 아이들은 하루에도 수백 번을 거울이나 휴대폰 액정 속 자신을 바라보며 묻는다. "거울아, 거울아, 나 괜찮니?" 왕비 근처도 못 간 아이가 온종일 거울만 붙들고 있는 게 못마땅한 엄마가 거울 대신 대답한다.

"네 몸에 들이는 정성의 반만이라도 공부에 쏟아봐라. 서울대를 가지. 에휴."

물론 개인마다 정도의 차이는 있지만, 사춘기 아이들이 몸을 대하는 태도는 경악할 수준이다. 이들에게 자신의 몸 따윈 중요하지 않다. 그저 자신을 과시하고 보이기 위해서 몸을 혹사시킨다. 요즘은 덜하지만 몇 년 전만 해도 다리가 들어가지 않을 정도로 교복 바지를 줄이는 바람에 아침마다 바지를 부여잡고 전쟁을 치르는 아이들이 흔했다. 여자아이들의 경우 발사 직전에 놓인 아슬아슬한 블라우스 단추는 뒤로하더라도 교복 치마를 허벅지에 꽉 낄 정도로 줄여서 거동이 불편할 정도였다.

수도권에 있는 여자 중학교에 강의를 갔을 때였다. 한 여자아이가 피가 통하지 않을 정도로 좁은 교복 치마 때문에 계단을 오르지 못하고 낑낑대고 있었다. 난간을 부여잡고 한 계단씩 심혈을 기울여 올라가는 아이 옆으로 선생님이 혀를 끌끌 차며 지나갔다.

요즘은 좀 더 활동하기 편한 생활복이 많이 보급되고 있지만 여전히 아이들에게 자신의 몸은 그다지 중요하지 않다. 몸은 그저 나를 드러내기 위한 수단이요, 경쟁의 도구일 뿐이다.

이처럼 외모에 민감해지는 것은 급격한 성장으로 인한 심리적 반응인 동시에 다른 10대들의 반응에 대한 자의식 때문이다. 사춘기는 자신의 신체 변화에 대해 자랑스러움을 느끼기도 하지만, 때로는 그것에 몰두하거나 당황해하기도 한다. 자의식이 과잉 상태인 사춘기 아이들 중 타인의 시선으로부터 자유로운 아이는 아무도 없다. 세상 모든 사람들이 자신을 쳐다보는 것 같은 착각 속에 살고, 다른 사람에게 자신이 어떻게 보이는가가 중요해진다. 이 평가로 인해 존재의 가치는 마치 불안정한 주가처럼 큰 폭으로 오르내린다.

이들에게 몸이란 자기를 나타내는 보증 수표와 다름없다. 몸을 통해 자신의 값어치를 매긴다. 학교 교실은 마치 경매장을 방불케 한다. 누가 키가 더 큰지, 누가 더 날씬한지, 누가 가슴이 더 나왔는지 등을 수시로 비교한다. 사춘기 아이들이 공부보다 다이어트에 사활을 걸고, 근육을 키우려 안간힘을 쓰고, 때에 따라 성형 문제로 부모와 전쟁을 불사하는 이유가 여기에 있다. 몸이 곧 나를 대변하기 때문이다. 몸 때문에 인기가 치솟기도 하고, 몸 때문에 괴롭힘을 당하기도 한다. 사춘기 아이들과 함께하다 보면 유난히 몸과 관련한 농담이나 별명이 많이 사용되는 걸 알 수 있다. 폭력 유형 중에서도 원치 않는 별명을 지어 부르는 경우가 다반사인데, 그중 체형이나 생김새 등에 대한 놀림이 많다.

강의에 참여한 한 어머니는 중학교 1학년 아들이 학교폭력대책자치위원회에 회부되었다고 울분을 토했다. 별것도 아닌 일을 가지고 피해자 학생 측에서 너무 과민하게 대응하고 있다며 목소리를 높여서 비난했다. 별것도 아닌 일이란 아들이 주축이 되어서 단톡방에서 한 아이를 '오스트랄로피테쿠스'라고 놀린 일이다. 어른의 시각으로 보면 '뭐 그 정도'라고 생각할 수도 있다. 그러나 사춘기 아이들에게 몸에 대한 평가나 비난은 '세상에 이런 일'이 된다.

⚘ 사춘기 아이가 몸을 대하는 태도

사춘기 아이들이 자신의 몸을 얼마나 통제하고 억압하는지를 본다면 놀라지 않을 수 없다. 사춘기의 고민 중 하나가 다이어트다. 저울에 찍힌 숫자에 일희일비한다. 0.1그램에도 우울과 행복의 파도를 타며 목숨까지 걸 기세다. 실제로 과도한 다이어트로 인해 건강을 해치는 아이들을 쉽게 만날 수 있다. 또한 다이어트의 부작용으로 정신적인 문제를 겪는 경우도 간간이 본다. 몸에 대해 갖는 부정적인 생각이 생활 전반으로도 침투한다. 가끔 몸에 대한 지나친 집착이 식이 장애를 불러일으키기도 한다. 음식을 거부하거나 닥치는 대로 먹고 토하는 과정을 반복하기도 한다. 때에 따라 몸을 해치기도 한다. 한때 SNS를 통해서 자해하는 영상이나 사진 등이 유행한 적이 있었다. 사춘기 아이들이 자신의 몸에 상처를 내고 피 흘리는 모습을 보란 듯이 올리면 '좋아요'가 눌러지고 그 용기에 찬사를 보내거나 위로의 말들이 쏟아졌다.

몇 년 전 중학교 남학생 5명과 상담을 할 때다. 학교 선도위원회를 통해 상담으로 인도되었다. 상담 시간 내내 종이컵을 입으로 물어뜯는 바람에 종이컵 가장자리가 너덜너덜해져 있었다. "언제부터 담배를 피웠니?"라는 질문에 3명이 초등학교 3학년이라고 답했다. 대부분 동네 형을 통해서 그들이 말하는 '어른의 세계'에 입문했다.

사춘기 아이들이 갖는 특징 중 하나가 개인적 우화다. 자신들을 우화 속 주인공이라 착각한다. 독특하고 특별한 존재이므로 자신의 감정이나 경험의 세계는 다른 사람과 근본적으로 다르다고 믿는다. "I will be back(나는 다시 돌아온다)"을 외치는 영화 〈터미네이터〉의 주인공처럼 자신들은 절대 다치거나 죽지 않는다고 확신한다. 이들에게 담배가 얼마나 해로운지를 설명하는 건 소 귀에

경 읽기다. 그러나 그럼에도 불구하고 사춘기 자녀를 둔 부모라면 술이나 담배의 영향에 대해서는 알아야 한다.

사춘기 때 술이나 담배에 노출되면 가장 먼저 뇌가 타격을 입는다. 해마는 알코올과 니코틴에 취약하다. 알코올이나 니코틴을 사용하게 되면 뇌 속에 이물질이 들어가게 된다. 이러한 이물질이 신경 전달 물질과 섞이면 뇌 속은 온통 엉망이 되어버린다. 특히 알코올은 기억력 손상을 가져온다. 우리 뇌에는 글루타메이트 Glutamate라는 신경 전달 물질이 있는데, 이는 새로운 기억을 저장하고 학습하도록 뉴런을 촉진한다. 알코올이 글루타메이트에 미치는 영향은 사춘기 때 가장 민감하다. 술과 담배는 몸에도 직접적인 영향을 미치지만, 자기 통제 능력을 떨어뜨리기도 한다. 철없는 사춘기 아이들이 어른인양 으스대는 사이 알코올과 니코틴은 그들의 의지를 점차적으로 갉아먹고 의존적인 삶을 살도록 부추긴다. 이는 결과적으로 자존감에도 치명적이다.

물론 상담에 오는 아이들은 아주 소수다. 그러나 사춘기를 유혹하는 장치가 우리 사회 곳곳에 너무나 많다. 충분한 주의를 기울이지 않으면 언제 그 덫에 걸릴지 모를 일이다.

긍정적인 신체상이 자존감을 키운다

사실 이 책에서는 뭉뚱그려서 사춘기라고 표현하지만 이를 지칭하는 명칭은 많다. 이 중 신체 발달과 성적인 성숙 등 생물학적 의미를 지칭할 때 사춘기라 부른다. 그 외 심리적인 측면을 좀 더 강조할 때는 청소년기 또는 청년기라 부른다.

사춘기 초기는 급격한 신체적 변화를 인식하면서 자신의 몸에 집중하기 시작한다. 이때 신체상에 대한 관심도가 가장 높다. 이 시기에 긍정적인 신체상은 심리적 행복감뿐 아니라 심지어 학업 성취도와도 관련이 있다는 연구 결과가 있다. 반면에 신체에 대해 불만을 갖게 되면 정서적으로 불안하고 우울해진다. 또한 적절히 자기를 표현하는 데도 어려움을 겪는다. 특히 사춘기 신체 발달 경험은 심리·사회적 발달에도 영향을 미친다. 예를 들어, 자신의 신체 및 성적 발육이 또래 집단과 다르거나 바람직하지 않다고 느낄 때 심리적으로 위축된다. 이에 더해 자신의 몸에 이질감을 느끼기 쉽다. '나는 뭐 이렇게 못생겼지?'나 '다른 애들은 다들 늘씬한데, 나는 키가 너무 작잖아'라는 고민에 빠진다. 신체의 어느 한 부분에 몰입하게 되면 그 부분이 점차적으로 확대되는 현상이 생긴다. 마치 현미경을 들이대고 관찰하는 것처럼 말이다.

긍정적인 신체상은 자신에 대해 전반적으로 좋은 느낌을 갖도록 하고, 이는 자존감을 키워준다. 설령 자신의 몸에서 못마땅한 점이 있어도 그 자체로 받아들인다. 반면에 부정적인 신체상은 자존감을 위축되게 만든다. 그 반대도 성립된다. 즉, 자존감이 높은 아이는 자신의 신체 이미지에 대해서도 긍정적이고 호의적이다. 반면에 자존감이 낮은 아이는 실제 신체가 어떻든 상관없이 신체 이미지에 불만이 많으며, 이는 자존감을 더 끌어내린다. 《이제 몸을 챙깁니다》의 저자이자 정신과 의사인 문요한은 "몸의 부족함 때문에 부정적인 자아상을 가지게 된 것이 아니라 부정적인 자아상 때문에 몸의 부족함에 집착하는 것이다"라고 말했다. 신체에 대해 긍정적인 이미지를 형성하는 것도 중요하지만 자존감을 키워주는 일도 그 못지않게 중요한 이유다.

자신의 몸을 끔찍이 싫어하면서 자신을 사랑하기란 불가능하다. 몸을 거부한다는 것은 자신을 거부하는 것과 다름없다. 따라서 사춘기는 자신의 변화된 몸과 친숙해지는 게 급선무다. 우리의 몸은 그 자체로 완벽하다. 어느 한구석도 불필요하거나 잘못된 곳은 없다. 약하다고 해서, 키가 조금 작다고 해서, 피부색이 다르다고 해서 자신을 비난하거나 탓하지 말아야 한다. 사춘기는 생물학적인 변화 그 자체도 중요하지만, 자신의 변화를 어떻게 경험하고 받아들이는가가 더 중요하다.

내 몸의 소중함을 깨닫는 시기

　오래전 상담에서 만난 중학교 3학년 지훈은 아버지로부터 신체 학대를 받고 있었다. 늘 몸을 웅크린 채 앉아 있는 지훈은 또래에 비해 유난히 왜소해 보였다. 군 장교 출신인 아버지는 지훈이 너무 나약하고 패기가 없다고 불만을 토로했다. 자신이 아이를 학대할수록 점점 더 자신감을 잃어가는 건 생각하지 못한 채 아이를 윽박지르고 때리는 걸 훈육이라 여겼다.

　어릴 때부터 심각한 신체 학대를 받은 아이들은 자신의 몸을 자신으로부터 떼어내는 법을 배우기도 한다. 이것을 '해리'라 부른다. 몸의 고통을 감당하기 어렵기 때문에 몸으로부터 의식을 분리시킨다. 의식이 빠져나간 몸은 마치 바람 빠진 풍선 인형처럼 무기력해진다. 지훈은 이상하리만치 자주 넘어지고 부딪쳐서 무릎 등이 까지는 일이 비일비재했다. 어쩌다 다쳤냐고 물으면 모르겠다고만 답했다. 마찬가지로 몸이 지탱해주지 않는 의식은 모호하고 혼란스럽다. 뭐가 뭔지 분간이 제대로 되지 않는다. 늘 기운이 없고 자신감은 바닥이다.

중학교 1학년 석현은 폭력 문제로 인해 학교폭력대책자치위원회에 회부되었고, 결국 강제 전학 명령 처분을 받았다. 처음 석현을 만났을 때는 '이 아이가 그런 짓을 했다고?'라는 생각이 제일 먼저 들었다. 처음 만난 석현의 인상은 유순하고 수줍음이 많았다. 그러나 석현은 친구 관계에서 감정을 제어하지 못하고 한번 폭발하면 걷잡을 수 없을 정도의 공격성을 보였다. 의자를 들어 친구에게 던지거나 멱살을 잡고 벽에 강하게 밀쳐버리는 건 약과였다. 가끔 칼을 꺼내 들기도 했다. 상담을 하면서 석현도 신체 학대를 받았다는 사실을 알았다. 아빠와 이혼 후 생활고에 시달리는 엄마는 아이들에게 스트레스를 풀었고, 특히 석현은 거의 매일 맞았다. 때로는 아무런 이유도 없이 매가 날아들었다.

지훈도 석현도 자신의 몸을 존중하는 법을 모른다. 부모로부터 신체 학대를 당하는 아이들은 자신의 몸이 별로 중요하지 않다고 배운다. 몸을 존중하기는커녕 부끄럽고 창피하게 여긴다. 때로는 석현처럼 폭력적인 양상으로 나타나기도 하는데, 학교 폭력에 연루된 아이들의 경우 가정 내에서 신체 학대에 노출된 경우가 많다.

초등학교 5학년 현아의 꿈은 전신 성형이었다. 현아는 2차 성징이 나타나는 지극히 정상적인 발달 과정에 있었고 평균적인 체격이었다. 그러나 사춘기 신체 발달을 제대로 이해하지 못한 엄마는 현아에게 다이어트를 강요하고 음식을 과도하게 제한했다. 밤마다 끌고 나가 줄넘기를 200개 넘게 뛰도록 하고 훌라후프를 돌리게 하는 등 어느새 엄마가 아닌 교관이 되어 있었다. 현아는 밥보다 욕을 더 배불리 먹었다. 자존감이 현저하게 낮아질 뿐만 아니라 자신의 몸에 대해 혐오감까지 느꼈다. 현아가 상담에 의뢰된 이유는 수차례에 이르는 자해였다. 마음속에 꾹꾹 눌러둔 스트레스를 적절히 해소하는 법을 몰라 자신의 몸에 상처를 내고 있었다.

현아 어머니가 이렇게까지 현아를 닦달하는 건 다름 아닌 걱정 때문이었다. 중학교에 올라가 혹시라도 뚱뚱하다는 이유로 따돌림을 당할까 봐 두려워서였다. 하지만 현아 어머니가 간과한 사실은 현아는 친구들에게 따돌림을 당하는 게 아니라 스스로 자신을 따돌리고 학대하고 있다는 것이었다. 어느 누구도 자신의 몸을 소중하게 다루어준 경험이 없는 아이들은 자신의 몸은 물론 다른 사람의 몸을 소중하게 여겨야 한다는 사실을 알지 못한다.

사춘기의 몸은 깨지기 쉬운 유리그릇에 가깝다. 하물며 말 한마디에도 쉽게 금이 간다. 몸이 금이 가거나 깨지면 생각도 감정도 줄줄 샐 수밖에 없다. 따라서 부모는 사춘기 자녀의 몸을 존중하고 소중히 여겨야 한다.

🌿 사랑을 가장한 아동 학대

나날이 이어지는 아동 학대 뉴스로 사회적 통증이 심각하다. 차마 입에 담기에도 힘들 정도의 학대를 견디다가 떠나가버린 아이들의 이야기에 숙연해지면서, 한편으로는 입에 거품을 물고 흥분한다. '어쩌면 저럴 수가 있지'라는 생각에 자다가도 벌떡 일어나화를 삭여야 할 정도다. 그러나 가만히 생각해보자. 몸에 멍이 들도록 때리는 것만 학대일까? 발가벗겨서 집 밖으로 내쫓는 것만학대일까?

직접적인 신체 학대를 가하지는 않지만 아이의 몸을 대수롭지 않게 여기는 부모가 많다. 사실 과잉 경쟁의 사회에서 가장 먼저희생되는 게 바로 몸이다. 몸이 고통스럽든 말든 아이를 촘촘한스케줄 속으로 밀어넣는다.

"어쩌면 그렇게 게을러터졌는지 원, 볼 때마다 속에서 정말 열불이 난다니까요."

집단 상담에서 만난 은지 어머니의 하소연이다. 중학교 1학년 은지는 유난히 잠이 많아서 아침에 일어나는 것도 힘들지만, 틈만 나면 잠에 빠진다. 은지의 등에는 '게을러터졌어'라는 꼬리표가 늘 붙어 다닌다.

'4당 5락'이라는 말이 한때 유행했었다. 4시간을 자면 대학에 합격하지만, 5시간을 자면 떨어진다는 말이다. 이 말 때문이었을까? 간혹 아이가 잠을 너무 많이 잔다고 하소연하는 부모들을 만난다. 심지어 초등학교 5학년인데 5시간을 넘게 잔다고 불평하던 어머니가 있었다. 대체 아이가 몇 시간을 자야 마음이 편한 걸까?

사춘기가 되면 잠이 많아진다. 우리 뇌에서 멜라토닌Melatonin이라는 신경 전달 물질이 분비가 되면 졸음이 오는데, 사춘기가 되면 멜라토닌이 2시간 늦게 분비가 된다는 연구 결과가 있다. 즉, 사춘기가 되면 밤늦은 시간까지도 눈이 말똥말똥한 현상은 일반적인 증상이다. 당연히 아침에 일찍 일어나는 일은 '노오력'이 필요한 과제다. 사춘기 자녀들을 깨우다가 전쟁에 돌입한다는 부모들을 종종 만난다. 하루를 잔소리 융단 폭격으로 시작해야 한다면 그날 하루가 어떨까?

때로는 우울하고 무기력한 아이들이 잠 속으로 도망가기도 한다. 아이가 축 늘어져 자는 시간이 많아졌다면 게으르다고 비난할 게 아니라 힘든 점은 없는지를 먼저 살펴봐야 한다. 어쩌면 아이는 심리적으로 번아웃^{Burnout} 상태에 있을지도 모른다.

아이들이 자유롭지 못한 환경 모두는 아동 학대에 가깝다. 충분한 수면조차 취하지 못하는 환경이라면? 쉬는 시간에 복도에 서조차 마음껏 소리 내며 놀 수 없는 환경이라면? 몸이 아프든 말든 거미줄 같은 학원 스케줄을 소화해내야 하는 환경이라면? 모든 아이들에게는 자유롭게 놀 권리, 따뜻하게 보호받을 권리가 있다. 우리는 아이를 위한다는 그럴싸한 이유로 이런 학대를 사랑이라고 포장한다. 대학 입시라는 절체절명의 목표 추구를 위해 최소한의 휴식조차 허락하지 않는다. 어릴 때부터 몸이 혹사당한 아이들은 자신들의 몸을 소중하게 여기지 않는다. 부모를 비롯한 누구에게도 귀하게 돌봄받지 못한 몸은 그저 주어진 스케줄에 휘둘리는 도구에 불과하게 된다.

몸 자존감이란?

자존감의 시작은 몸에서부터 출발한다고 해도 과언이 아니다. 흔히 몸 자존감을 말하면 많은 부모들이 잘생기거나 예쁜 걸 떠올린다. 키가 크거나 늘씬하다면 몸 자존감이 올라간다고 생각한다. 물론 자신의 몸에 대해 만족감을 느낀다면 올라갈 수 있다. 그러나 몸 자존감은 키나 몸매로 인해 생겨나는 게 아니다.

몸 자존감은 자신의 몸을 있는 그대로 존중하며, 자신의 의식을 지탱해주는 소중한 존재로 여기는 걸 의미한다. 물리적인 몸뿐만 아니라 몸에 대한 인식도 건강할 때 몸 자존감은 올라간다. 몸 자존감이 높은 아이는 신체 지각 능력이 뛰어나다. 자신의 몸이 시시때때로 보내는 경고나 신호를 민감하게 알아차리며, 몸이 필요로 하는 것을 적절히 제공한다. 몸의 감각을 느끼지 못하는 건 몸이 보내는 스트레스 신호 등을 제때 알아차리지 못하는 것과 같다. 이때 적절한 조치가 따르지 못하면 심각한 결과를 초래할 수 있다.

몸 자존감이 높은 아이들은 공부를 하다가도 몸의 경고음이 들리면 스트레칭을 한다거나 잠깐 동안 산책을 함으로써 몸의 에너지가 다시 돌도록 한다. 중학교에서 교육을 하다 보면, 1교시가 끝나는 종과 동시에 스프링처럼 뛰쳐나가는 아이들이 있다. 그 짧은 시간을 체육관이나 운동장에서 뛰어다니다 또 다른 종소리와 함께 들어온다. 이들은 이후 수업에도 곧잘 집중한다. 섬광 같은 시간이라도 몸을 마음껏 움직이면서 누적된 스트레스를 털어내려는 아이들이 기특하다. 물론 그 아이들은 자신이 '기특한' 행동을 하고 있는지조차 모른다. 그저 몸이 속삭이는 대로 충실히 움직일 뿐이다.

※ 행동하고 존재하게 만든다

몸 자존감이 높은 아이는 현실에 적극적으로 참여한다. 즉, 목표를 위해 적극적으로 행동한다. 작가이자 철학자인 에인 랜드[Ayn Rand]는 "삶이란 자발적이고 자립적인 행동의 연속이다"라고 정의했다. 몸의 자발적이고 직접적인 참여 없이, 즉, 행동 없이 자존감은 자랄 수 없다. 행동하는 방식이 곧 존재하는 방식이다. 자전거를 예로 들어보자. 자전거를 배우기 위해서는 머리로만 타는 과정을 그려서는 안 된다. 용기를 내서 실제 자전거에 올라타 페달을 밟아야만 한다. 수없이 넘어지고 일어서는 과정을 거치면서 제대로 타게 되면 비로소 성취감을 경험한다. 이 성취감은 자존감으로 이어진다.

우리에게는 2가지의 기억이 존재한다. 하나는 '대한민국 수도는 서울이다'라고 말할 수 있는 서술적 기억이라면, 나머지 하나는 자전거 타기나 운전처럼 몸이 움직이는 절차적 기억이다. 말로 콕 집어서 설명하기는 어렵지만 내 몸 구석구석에 새겨진 기억으로, 이는 언제든 필요에 따라 꺼내 쓸 수 있는 자산이다. 머리가 아닌 몸에 각인된 기억은 쉽게 지워지지 않는다. 절차적 기억을 위해서는 끊임없는 반복적 경험이 필요하다. 이런 반복적인 경험과 성취는 자존감의 연료가 된다.

이처럼 몸 자존감이 높은 아이는 적극적으로 현실에 참여한다. 그리고 그들에게는 늘 몸이 함께한다. 의식은 과거든 미래든 자유롭게 날아다니지만, 몸은 현실에 발을 딛고 있다. 마음과 생각을 현재에 머물도록 하기 위해서는 내 몸과 연결되어야 한다. 내 몸을 존중하고 몸에 집중하는 과정이 바로 현실에 존재하는 것이며 자기 수용의 과정이다. 앞서 말했지만 자기 수용의 과정 없이 성장이나 변화를 기대할 수 없다.

🌿 몸은 감정의 통로다

몸 자존감이 높은 아이는 감정에 따르는 신체 감각을 잘 자각하기 때문에 자신의 감정과 욕구를 알아차리기 쉽다.

남자 친구와의 관계를 고민하는 중학교 1학년 여학생이 있었다. 입학하고 얼마 지나지 않아 사귀게 된 3학년 오빠였다. 운동을 잘하고 잘생겨서 인기가 많은 오빠가 자신에게 사귀자고 고백한 순간 오케이하고 그날부터 1일이 되었다. 하지만 오빠를 만나면 만날수록 뭔가 불편하고 힘들다며, 계속 만나야 하는지 혼란스럽다고 털어놓았다.

"그 오빠가 고백할 때 네 마음은 어땠어?"

"마음이요? 글쎄요. 모르겠어요."

"그 순간 네 몸의 감각이 어땠는지 기억나니? 얼굴에 열감이 느껴지거나 가슴이 뛰거나 또는 전기에 감전된 것처럼 찌릿찌릿하거나, 뭐 그런 신체 감각들에 변화가 있었니?"

이렇게 구체적으로 물어보는데도 아이는 그저 멍하니 나를 바라본 채 아무런 말도 하지 못했다. 몸의 감각 따윈 중요하지 않았다. 마음이 어떤지 몰랐다. 그냥 멋있는 오빠가 나를 좋아해주니까 덥석 받아들인 게 전부다. 비단 이 아이뿐만 아니다. 무언가를 결정할 때 머리로만 계산해서 결정해버리고는 곧바로 후회하는 아이들이 많다. 이처럼 몸이 동반되지 않은 결정은 대체로 잘못되거나 성급한 경우가 많다.

몸은 감정의 통로다. 우리는 모든 걸 몸을 통해서 경험한다. 내 안에서 올라오는 온갖 정보에 귀를 기울인다는 건 결국 몸에 집중하는 일이다. 몸에 기반을 두지 않고 머리로만 살아가면 우리 내면은 뒤죽박죽 엉망이 되어버린다.

하지만 안타깝게도 우리 교육 어디에도 몸을 느끼고 존중하는 내용은 없다. 학교에서조차 몸을 느끼거나 체험하는 경험이 거의 전무하다. 사실 시험 기간만 되면 체육 시간은 자습 시간이 되기 일쑤다. 잠시라도 몸과 혼연일체가 되어 뛰어다니는 아이들보다는 그저 '몸뚱이'를 짐짝처럼 여기며 귀찮아하는 아이들이 더 많다. 종소리와 함께 바로 책상 위로 쓰러진다. 시작종이 울려도 도무지 일어날 기미가 없다. 마치 바닷가에서 말리는 오징어처럼 수업 내내 축 늘어진다.

많은 아이들은 어릴 때부터 몸의 느낌을 무시하다 보니 결과적으로 몸과 분리되어 살아간다. 몸이 자유롭지 않고는, 즉, 몸과 끊어진 상태에서는 감각이나 감정 등을 느낄 수 없고 머리로만 살아갈 수밖에 없다. 이런 경우 마음은 끊임없이 방황하고 감정과 이성이 조화를 이루지 못한다. 지금 사춘기 아이들에게 필요한 일은 바로 몸 자존감을 키우는 일이다. 자신의 몸과 혼연일체가 되어 적극적으로 세상 속으로, 자신의 삶으로 뛰어드는 일이다.

몸 존중 교육이
절실하다

　작년에 집단 상담에서 만난 중학교 2학년 남자아이는 교실 내에서 문란한 행위를 하다가 선도위원회에 회부되어 특별 교육 처분을 받았다. 대부분의 아이들과 마찬가지로 자신이 왜 특별 교육이나 상담을 받아야 하는지 모르겠다는 태도를 보였다. 그냥 쉬는 시간에 아이들과 장난으로 누구의 성기가 가장 큰지 내기를 했고 한 명씩 바지를 내리던 중 재수 없게 자신의 차례에서 선생님이 교실 문을 벌컥 열었을 뿐이었다. (그 아이의 관점에서 분명 선생님이 잘못했다.) 자신의 성기를 다른 사람 앞에서 노출시키고 나아가 서로 경쟁하듯이 크기를 재는 등의 행위가 뭐가 문제냐는 태도로 일관했다. '재미 삼아 이 정도는 하지'라는 태도와 표정이었다. 뒤이어 자신들의 세계를 이해하지 못하는 꼰대 선생님에 대한 성토가 이어졌다. 자신의 몸을 존중하지 않는 전형적인 태도다. 심지어 상담 중에도 성기 모양이나 성관계를 하는 그림을 그리며 보란 듯이 전시했다. 사춘기의 성적 호기심 자체는 죄가 없다. 지극히 자연스럽고 건강한 증상이다. 하지만 올바른 성 의식이 자리 잡히지 않은 상태에서 무분별한 행동으로 이어진다면 죄가 된다.

사춘기 동안 신체 내부에서는 여러 가지 충동들이 일어난다. 특히 일찍이 경험해본 적이 없는 성적 충동은 사춘기들이 대처해야 할 첫 번째이자 가장 중요한 과제다. 성적 충동 자체는 자연스러운 성장 과정이지만 충동을 어떻게 조절하고 통제하는가는 교육이 필요하다.

요즘 온 나라가 미투Me Too로 들끓고 있다. 연예인을 비롯한 유명인들에게 한때 성폭력이나 학교 폭력을 당했다는 고발이 이어지고 있다. 이들은 이러한 미투로 인해 하나둘씩 누려오던 자리에서 쫓겨나고 범죄자로 전락한다. 어릴 때부터 몸 존중 교육을 제대로 받았다면 어땠을까? 지나고 후회하는 건 너무 늦다. 지금이라도 우리 아이에게 몸 존중 교육, 성교육을 해야 하는 이유다.

❦ 성교육은 몸 존중 교육이다

아이가 사춘기가 되면 많은 부모들은 성적인 부분에 대해서 고민하기 시작한다. 아이의 성교육을 어떻게 할지 난감해진다. 대놓고 말하기에는 뭔가 쑥스럽고, 그렇다고 모른 척하기에는 문제가 생길까 봐 염려가 된다. 부모가 이러지도 저러지도 못하고 걱정만 하고 있는 사이 우리 아이는 나름의 방식대로 '어른 되기' 연습에 돌입한다.

2018년에 청소년 6만 40명을 대상으로 조사한 제14차 청소년 건강행태조사의 통계에 따르면 성관계 경험이 있다고 답한 청소년이 전체의 5.7퍼센트였다. 성관계를 시작한 평균 연령은 만 13.6세로 나타났다. 2차 성징을 통해 스스로 어른이라 느끼는 사춘기 아이들은 실질적으로 어른 연습을 하는 경우가 많다. 이들이 생각하는 어른이란 '내 마음대로 하는 사람'이다. 더 구체적으로 말하자면 술, 담배를 하거나 또는 성적인 체험을 하는 일이다. 그래서 또래들은 키스를 했다 하면 어른 대접을 하며 부러운 시선을 보낸다. 성관계라도 했을 경우 제법 인정받는 위치로 올라서는 건 물론, 그들 사이에서 어른으로 통한다. 문제는 성교육을 제대로 받지 못한 상태에서 진행되는 일련의 경험들이 우리 아이들에게 미치는 부정적인 영향이다.

사실 부모 세대의 성교육이란 건 말 그대로 2차 성징에 대한 설명 등 성지식을 전달하는 수준에서 그치는 경우가 많았다. 그래서일까? 성과 관련해서 무엇부터 어떻게 시작해야 할지 도무지 모르겠다고 하소연하는 부모들이 많다.

성교육과 관련해서 가장 많이 받은 질문은 "언제부터 성교육을 해야 하나요?"다. 성교육은 태어나는 순간부터 시작된다. 너무 이른 성교육은 없다. 성교육이라 해서 책상에서 책을 펼치면서 하는 경직된 교육이라 생각해서는 안 된다. 가장 편안한 상태에서 자연스럽게 오고 가는 대화 그 자체가 성교육의 일환이다. 아이가 성장하는 과정에서 자신의 몸을 제대로 인지하고 몸의 중요성을 아는 일 자체가 성교육이다.

성교육은 다른 말로 몸 교육이다. 더 자세히 말하면 '몸 존중 교육'이라 할 수 있다. 어린아이를 씻기면서 "우리 여진이 목욕하자. 얼굴을 부드럽게 씻어줄게", "이제 팔을 씻어볼까?" 이렇게 아이가 자신의 몸을 인지할 수 있도록 가르친다. 아이는 조심스럽고 부드러운 스킨십을 통해서 부모가 자신의 몸을 소중하게 다루는 걸 느낀다. 그러다 아이가 좀 더 말귀를 알아듣게 되면 몸의 소중함을 일깨워준다. 특히 성기 부분은 함부로 만져서는 안 된다는 점, 아무나 보여주면 안 된다는 점 등에 대해서 일러둔다. 부모조차도 아이의 몸을 다룰 때는 정말 조심스럽게, 그리고 존중하는 마음으로 대하는 게 무엇보다 중요하다. 아이가 자기 의사를 또렷하게 표현할 수 있게 되면 부모는 직접적으로 아이를 존중하는 모습을 보여준다. 뽀뽀를 할 때도 아이의 동의를 구하는 게 맞다. "우리 여진이 엄마가 뽀뽀하고 싶은데 해도 될까?", "아빠가 안아주고 싶은데 안아봐도 돼?" 또는 팔을 활짝 펼치고 아이가 뛰어와 안길 수 있도록 배려하는 것도 방법이다. 만약 아이가 거부 의사를 밝히거나 조금이라도 불편함을 드러낸다면 아이의 생각을 존중해야 한다.

영유아는 몸 감각을 통해 세상을 배워간다. 이때 몸으로 경험하는 느낌과 그 느낌에 따른 해석이 중요하다. 사춘기가 되어도 마찬가지다. 뇌 발달상 몸의 감각이 예민해지는 때가 바로 사춘기다. 아무리 부모라도 아이의 의사에 반해 몸을 함부로 해서는 안된다.

몇 년 전 만난 중학교 1학년 희영은 아빠와의 스킨십이 얼마나 거북하고 불편한지를 토로했다.

"아빠한테 불편하다고 말해봤니?"

"에잇! 샘이 우리 아빠를 몰라서 그래요. 그렇게 말했다가 삐쳐서 용돈을 끊어버릴 텐데요."

"아빠가 이 정도도 못 하냐?"라며 서운함을 내비치거나 의견을 묵살할 경우 아이는 혼란스럽다. 아이는 부모를 통해 몸 존중뿐만 아니라 자기 결정권을 배워간다. 자기 결정권이란 자기 몸은 소중하고 내 몸의 주인은 나라는 인식이다. 국가 간에도 침범하지 말아야 할 경계가 있듯이 사람과 사람 사이에도 지켜야 할 경계가 있다. 몸에 대한 결정권은 개인에게 있으므로 서로 상대방의 몸에 대해서 존중하는 태도가 필요하다. 상대방의 동의 없이는 절대로 상대의 경계를 침범해서는 안 된다. 그러기에 앞서 부모부터 자녀의 몸을 존중하는 모습을 보여야 한다. 어린 시절부터 부모와의 관계 속에서 형성된 자기 결정권은 이후 사춘기를 지나 성인기까지도 영향을 미친다. 자기 결정권은 결과적으로 성적 자기 결정권으로 이어진다. 부모에게 먼저 반기를 들 수 있어야 사회적 관계에서도 자연스럽게 자기 의견을 내는 게 가능해진다. 이처럼 '동의' 문화는 가정에서부터 시작된다.

⚘ 성적 자기 결정권

개인적으로 정말 재미있게 봤던 드라마 중 하나가 2016년 tvN에서 방영한 〈또! 오해영〉이었다. 특히 남자 주인공이 여자 주인공을 거칠게 벽면으로 밀어붙인 뒤 격정적으로 키스를 퍼붓는 장면은 이 드라마에서 가장 유명하다. 여자 주인공의 입술이 터질

정도로 격렬하게 키스한 후 뒤도 안 돌아보고 가던 남자 주인공의 모습이 뇌리에 찍혔다. 그 당시 드라마를 볼 때는 '멋있다', '박력 있다', '저 남자는 저 여자를 정말 사랑하는구나'라는 생각을 했었다. 그때만 해도 나쁜 남자가 매력 있다고 생각하던 시절이었다. 요즘은 조금씩 인식이 달라지고 있지만, 여전히 몇몇 드라마에서는 남성이 여성을 폭력적으로 대하는 모습을 로맨스로 포장한다. 여성의 의견은 무시한 채 저돌적으로 밀어붙이는 남성을 야성미 넘친다고 추켜세운다.

성적 자기 결정권은 성적인 행동에 있어서 모든 선택과 결정은 자신이 내리는 걸 의미한다. 즉, 사귀는 사이라 하더라도 상대방과 키스를 할지 말지, 사랑을 나눌지 말지는 자신의 결정에 따르는 것이다. 그래서 상대방의 거절 의사를 눈치채지 못할 정도로 둔한 아이들은 문제가 된다. 상대방의 마음을 지레짐작하거나 '침묵은 동의'라는 어이없는 태도를 보일 경우 자칫 성범죄로 이어질 수도 있다. 마찬가지로 헤어지는 게 두려워서, 상대방이 실망할까 봐 마음이 불편한데도 불구하고 자기 의사에 반하는 의사결정을 하지 않아야 한다. 무엇보다 자신의 몸을 함부로 여기거나 다루지 않아야 한다. 몸에 앞서 상대방의 마음에 먼저 닿는 게 중요하다는 걸 명심해야 한다. 특히 사춘기 아이들이 반드시 배워야 하는 건 서로에 대한 존중과 동의다.

성적 자기 결정권에 앞서 자기 결정권이 전제되어야만 한다. 성적 자기 결정권은 일상 속에서 쌓아온 자기 결정권의 연장선이라고 볼 수 있다. 다른 일은 자기 판단대로 할 수 없는 아이가 성적 행동만은 자기 판단대로 할 수 있다는 건 말이 안 된다. 어릴 때부터 부모로부터 존중받은 아이라면 자기 결정권은 물론, 성적 자기 결정권에서도 크게 문제가 없다.

⚘ 데이트 폭력은 존재하지 않는다

"네가 예뻐서 그런 거야."

초등학교부터 친오빠에게 수년간 성폭력을 당한 딸이 뒤늦게 이 사실을 털어놓았을 때 부모가 딸에게 한 말이다. 이 정도는 아니지만, 일상에서도 흔하게 일어나는 일들이다. "엄마, 짝꿍이 내 지우개를 말도 없이 지 마음대로 가져가고 툭툭 치고 매일 괴롭혀요"라는 아이의 말에 엄마는 대답한다.

"어머, 걔가 너를 좋아하나 보다."

부모로부터 이런 메시지를 듣는 아이는 어떨까? 관계에서 혼란을 느낀다. 분명 짝꿍의 행동으로 인해 불쾌하고 짜증이 났는데, 엄마의 말에 헷갈린다. 이런 감정을 느끼는 자신이 뭔가 잘못되었는지도 모른다. 그리고 좋아할 때와 싫어할 때의 행동을 구분하기가 모호하다. 이는 관계 전반으로도 의사결정을 어렵게 하고 판단력을 흐리게 만든다. 부모 세대에는 고무줄을 끊고 도망가거나 "아이스께끼!"라며 치마를 들치고 도망가는 것을 장난 또는 관심으로 여기는 문화였다. 그러나 시대는 변했고, 그런 행위 자체가 정당화될 수 없다.

남학생이 여학생에게 또는 여학생이 남학생에게 가하는 폭력적인 행동을 '관심'으로 미화하는 사회 분위기에서 폭력은 절대 사라지지 않는다. 좋아하는 관계는 서로를 존중하고 잘해주는 사이를 말한다. 그래서 '데이트 폭력'이란 존재하지 않는다. 그저 폭력일 뿐이다.

부모는 아이의 판단력을 키워주어야 한다. 아무리 친밀한 관계라 할지라도 나의 의사나 감정을 무시한 행동은 폭력이라는 걸 알도록 가르쳐야 한다. 어떤 경우든 아이가 바람직하지 못한 선택이나 결정을 하지 않도록 주의를 기울여야 한다. 절대로 아이에게 그릇된 메시지를 심어주어서는 안 된다. 이건 아들과 딸 모두에게 해당되는 사항이다. 좋으면 좋다고, 싫으면 싫다고 명확히 표현할 수 있어야 한다. 자칫 이중적인 메시지로 인해 본의 아니게 문제 상황으로 빠지는 아이들이 있다는 사실을 명심해야 한다.

🌾 디지털 성범죄의 심각성

몇 년 전 한 TV 프로그램에서 초등학교 아이들의 음란물 실태를 다룬 적이 있었다. 그때 초등학교 2학년 아이들의 인터뷰 내용이 아직도 생생하다. 만화 캐릭터가 그려진 책가방을 등에 멘 채로 장난기가 잔뜩 묻어 있는 목소리로 말했다.

"이런 영상은 우리 반 애들 절반 이상이 봐요! 이거 안 보면 나중에 신혼여행 가서 문제가 되잖아요."

2020년 여성가족부 '청소년 매체이용 및 유해환경 실태조사'에 따르면 초등생 성인 영상물 이용률이 33.8퍼센트로 나타났다. 이는 2018년의 19.6퍼센트에서 크게 오른 수치다. 초등학생 10명 중 3명 이상은 인터넷 등을 통해 성인용 영상물을 시청한다고 볼 수 있다. 이용 연령도 점차적으로 낮아진다. "아! 너 야동 봤냐?"라는 말이 초등학교 교실에서조차 장난처럼 오고 간다. "크는 남자애들이 다 그렇지"라는 말로 넘기기에는 이런 영상이 아이들의 의식에 미치는 영향이 바이러스보다 더 위험하다.

2020년 'N번방 사건'으로 불리는 텔레그램 성 착취 사건이 연일 보도되면서 사춘기 자녀를 둔 부모들의 가슴은 철렁 내려앉았다. 그도 그럴 것이 이 사건으로 검거된 가해자 536명 중에 10대는 173명, 즉, 32퍼센트에 달했다. 심지어 12살인 가해자도 있었다. 이제는 직접적인 운영자가 아닐지라도 불법 비동의 영상 촬영물을 소지, 구매, 저장 또는 시청만 해도 처벌됨에 따라 혹시 우리 아이가 범죄자 또는 피해자가 되지 않을까 하는 생각에 하루하루가 불안하다.

부모는 '야동(야동이라는 표현은 사실 불법 영상 촬영물을 단순히 야한 동영상이라 이름 붙임으로써 경각심을 무너뜨리는 기능을 한다)'이라 불리는 영상들이 아이들에게 미치는 부정적이고 치명적인 영향을 간과해서는 안 된다. 국산 야동의 경우는 거의 대부분이 비동의 불법 영상 촬영물들이다. 보는 것 자체가 불법이다. 그렇다면 합법적으로 제작되는 일본의 성인용 비디오 영화Adult Video, AV나 서양의 포르노는 괜찮을까? 일본 AV 산업은 기본적으로 성 착취 사업이다. 어린 여성을 고립시키거나 가스라이팅을 통해 반강제적으로 영상을 찍는 구조다. 서양의 포르노도 별반 다르지 않다. 여성의 신체에 폭력을 가하는 모습이 대부분이다.

이들 영상 속에 나타나는 성관계는 일반적인 성행위라기보다는 과장되고 왜곡된 형태가 대부분이다. 특히 많은 영상에서 상대방의 의사에 반해서 강제로 이루어지는 성행위가 만연한 것은 물론, 처음에는 극렬하게 반대하던 여성도 궁극에는 즐기면서 더 강한 것을 요구한다. 이런 영상들을 무분별하게 접하는 아이들은 이게 정상적이고 일반적인 것이라 착각하기 쉽다. 상대방의 싫다는 표현을 좋아하는 것이라 받아들인다. 성에 대한 왜곡된 의식을 심어준다. 힘으로 누르는 태도가 남자답고 멋진 행동이라 인식한다. 지극히 남성 중심적인 것은 물론 남성이 여성에게 가하는 폭력을 아무런 문제의식 없이 스펀지처럼 빨아들인다. 무엇보다 심각한 것은 여자를 동등한 인간으로 바라보지 못하고 그저 성적인 존재로 바라보게 만든다는 점이다. 즉, 여성을 성적으로 대상화한다.

문제는 또 있다. 이런 영상을 아무런 판단 없이 지속적으로 보다 보면 어느 순간 따라 해보고 싶은 충동이 일어나고, 성범죄로 이어지기도 한다. 실제로 청소년의 성폭력 발생률은 해마다 늘어나고 있다. 특히 사이버 성폭력이 해마다 증가하고 있다는 사실을 절대로 가볍게 치부해서는 안 된다.

수년 전에 만난 초등학교 4학년 남자아이의 경우도 이랬다. 같은 학교 저학년 아이를 2번에 걸쳐 성추행하여 학교폭력대책자치위원회가 열렸고, 사안의 심각성으로 인해 강제 전학 처분을 받았다. 초등학생에게는 좀처럼 내려지지 않는 처분이라는 걸 생각해볼 때 그 사안의 심각성을 짐작할 수 있다. 처음 찾아가는 상담이 의뢰되어 가정을 방문했을 때 만난 이 아이는 딱 초등학교 4학년의 순진무구한 표정 그대로였다. 이렇게 천진난만한 아이가 성범죄를 저질렀다는 사실이 믿어지지 않을 정도였다. 이 아이의 경우 부모가 바빠 낮 동안 거의 혼자 지내면서 친구들과 어울려 게임을 하거나 음란물 등을 보며 하루를 보내는 날이 많았다. 처음 상담에서도 자신이 한 행동이 잘못된 거라는 인식이 희미했다. 그냥 궁금해서 따라 해봤다는 아이의 말에는 여전히 멋모르는 초등학생 아이의 미숙함이 묻어났다.

음란물은 잘못된 성 의식을 심어주는 건 물론 자존감에도 직접적이고 강렬한 영향을 미친다. 특히 급격한 신체적 변화를 겪는 사춘기 아이들에게 음란물은 수학의 정석처럼 '성의 정석'이 되기 쉽다. 그들은 꿈틀대는 호기심을 안고 영상에 접속한다. 그리고 자신도 모르게 영상 속에 등장하는 남자 주인공과 자신을 비교한다. 비현실적인 그들의 성기와 비교하는 순간 자신은 그야말로 보잘것없는 존재로 전락한다. 존재 자체에 대해 수치심이나 회의감에 빠져들기도 한다. 이는 자존감을 어둡게 물들인다. 이보다 더 심각한 문제는 따로 있다. 영상을 보다가 문득 자신의 부모를 떠올리는 아이들이 있다. 어느 순간 미묘한 생각이 침범한다. 영상에서 보이는 저속하고 불결한 관계를 통해서 자신이 세상에 태어났다는 생각이다.

4~5년 전 집단 상담에서 만난 고등학교 1학년 아이의 이야기다. 밤마다 몰래 영상을 보던 중 어느 날 문득 자신에게 구역질이 났다. 퀴퀴한 냄새와 함께 온몸에 벌레가 기어가는 것 같이 느껴졌고, 일상생활이 힘들 정도로 자기 존재 자체를 불결하게 생각했

다. 학교도 가기 싫어지고 학원도 빼먹기 일쑤였다. 결국 학교 부적응 문제로 상담이 의뢰되었다. 이 아이는 관련 기관으로 안내되어 지속적인 상담을 받게 되었다. 이처럼 무분별하게 음란물에 노출되는 경우 치명적인 문제를 겪기도 한다.

가정에서부터 성교육이 이루어져야 한다

청소년 시기는 특히 사회적 욕구가 강해진다. SNS를 이용한 성 관련 문제에 무분별하게 노출되기 쉬운 연령이기도 하다. 채팅 앱이나 틱톡 등에 자신의 몸을 찍어서 올린다거나 다른 사람들의 신체나 얼굴을 합성하여 상대의 동의 없이 함부로 업로드하는 것을 범죄라는 인식도 없이 재미 삼아 한다. 요즘은 초등학교 남자 아이들의 단체방에서조차 '야한 것'이 공유된다. 사춘기는 물론 어린아이들 사이에서도 사진, 동영상, 딥페이크Deepfake 영상이 마치 놀이처럼 소비된다. 대부분의 아이들은 이게 얼마나 위험한지를 미처 자각하지 못한다. 실제로 비대면 수업이 확산되면서 화면 속 선생님이나 친구들 얼굴을 캡처하여 이모티콘처럼 사용해서 문제되는 일도 많다.

더군다나 정서적으로 결핍된 경우 나쁜 의도로 접근한 상대를 객관적이나 이성적으로 판단하기 어렵다. 교묘하게 정신적으로 길들인 다음, 성을 착취하는 그루밍Grooming 범죄의 표적이 될 위험도 있다. 성적 주체성이나 자기 결정권에 대한 인식은 자아 정체감뿐 아니라 자존감과도 연결된다. 판단 능력이 미숙하고 취약한 아이일수록 성 문제에 노출되기가 그렇지 않은 아이보다 쉽다. 특히나 또래들보다 조숙한 아이들은 나이 든 상대를 찾게 되는데, 종종 성 문제나 비행 행동으로 빠지기도 한다. 따라서 부모는 아이를 잘 관찰하여 아이가 보내는 경고 신호를 감지할 수 있어야 한다. 아이가 건전한 성 의식과 성적 자기 결정권을 확립할 수 있도록 도와야 한다. 몸 존중이 되면 아이의 선택이 달라진다. 무조건 유해하다고 목소리를 높이는 것보다는 아이 스스로 자신의 몸이 얼마나 중요하고 소중한지를 깨닫도록 하는데 더 많은 시간을 할애하는 게 중요하다.

"저는 그냥 없다고 생각하고 강의 진행해주셨으면 좋겠습니다. 질문이나 이런 거 하지 말아주세요!"

얼마 전 부모성장학교에서 만난 아버지의 말이다. 단톡방에서 특정 여학생을 성희롱한 이유로 중학교 2학년 아들이 강제 전학 처분을 받았다. 아들은 주동자가 아니라 그저 한두 마디 거들었을 뿐인데 단톡방에 참여한 아이들 모두 같은 처분을 받은 것에 대해 불만이 많았다. 이 아버지에게 아들의 문제 행동이나 그 행동으로 인해 상처받았을 피해자는 전혀 관심사가 아니었다. 그저 어떻게 해야 자신의 아이에게 내려진 처분을 감할 수 있는지만 궁금할 따름이었다.

사이버 공간이라는 특성상 가해자와 피해자를 딱 잘라 구분하기 어렵다. 적극적으로 가해자가 되는 경우도 있고, 피해자가 나오기도 하고, 대부분의 아이들은 목격자가 된다. 가해와 피해의 경계가 굉장히 모호해지면서 이러한 일이 들통날 경우 너도나도 억울해진다. 무엇보다 이런 일이 사이버 공간에서 일어나다 보니 겉으로 잘 드러나지 않아 어른으로서는 실체를 파악하기가 어렵다는 점도 문제다. 그러나 그보다 더 큰 문제는 이런 상황을 별것 아닌 것으로 여기는 부모의 태도다. 대개의 경우 남자아이들이 그 정도 장난은 칠 수 있는 건데 학교나 피해자가 너무 유별나고 예민하게 군다고 여긴다.

가정이나 학교에서는 이분법적인 성별 시선에 따라 강자와 약자가 자연스럽게 자리 잡는다. "남자애가 힘이 없어서 어떡하려고 그래?"라든가, "여자가 고분고분해야지, 왜 이렇게 드센 거야?"라는 부모의 말은 남자는 강하고 용감하며, 여자는 약하고 보호 본능을 불러일으키는 존재라는 인식을 심어준다. 의도하지 않지만 이렇게 성별 위계나 권력이 정해진다. 그 속에서 우리 아동과 청소년들은 사회의 성차별적인 시선과 가치관을 별다른 문제의식 없이 고스란히 습득한다. 잘못된 성 의식과 가치관이 만연한 환경에 아이들을 내버려둘 경우 문제는 심각해진다.

일부 부모는 성교육을 학교만의 책임이라 생각한다. 그러나 학교에서 이루어지는 1년에 몇 시간 정도의 교육만으로 아이들의 신념이나 가치관을 변화시킨다는 것은 달걀로 바위를 치는 일이다. 성에 대한 올바른 가치관과 사람에 대한 존중은 가정에서부터 뿌리를 내리지 않으면 결코 자랄 수 없다.

아들과 딸, 모두가 가져야 할 젠더 의식

2020년 도쿄 올림픽 때였다. 우연히 여자 기계 체조 경기를 보던 중 독일 선수들에게서 뭔가 독특함이 느껴졌다. 가만히 보니 유니폼이 남달랐다. 일반적으로 여자 기계 체조 선수들이 입는 비키니 컷 유니타드(원피스 모양의 수영복)가 아니라 긴팔 상의와 발목을 모두 덮는 유니타드 형태의 유니폼을 입고 있었다. 나중에 기사를 찾아보니 독일 체조 연맹은 여성을 성적 대상화하는 데 반대 성명을 내고, 편안함을 위해서 전신 유니폼으로 교체했다고 했다. "모든 여성이 무엇을 입을지 스스로 결정해야 한다는 것을 보여주고 싶었다"라는 그들의 말을 통해 '모두가 원하는 대로 할 수 있어야 한다'는 메시지를 엿볼 수 있었다.

그런데 비슷한 시기에 우리나라에서는 이상한 일이 벌어지고 있었다. 우리나라에 가장 먼저 금메달의 기쁨을 전한 양궁의 안산 선수를 향한 비난이 쏟아졌다. 짧은 헤어스타일에 여대를 다닌다는 이유로 안산 선수를 페미니스트라고 규정하고 금메달을 박탈해야 한다고 주장하는 무리들이 나타났다. 이게 무슨 날벼락 같은 말일까? 여성이라는 이유로, 머리가 짧다는 이유로, 여대를 다닌다는 이유로 실력이나 능력까지 폄하하려는 의도가 불순했다. 물론 지극히 극소수의 편향적인 시각이겠지만, 이게 기삿거리가 되고 전 세계적으로 뉴스가 되었다는 사실은 생각해볼 만한 문제다. 모두가 미래를 향해 변화의 물결을 타고 있는 이때, 어쩌면 우리만 19세기나 20세기로 회귀하고 있는 건 아닌지 염려되었다.

사실 우리 사회 곳곳에 사회적 약자에 대한 혐오 표현은 너무나 많다. 특히 사춘기 사이에서는 혐오 표현이 하나의 문화로 자리 잡은 듯하다. "너 여자냐?"나 "(장)애자지?"라는 말이 욕이 된다. 일명 '패드립'이라고 하여 싸우다가도 상대를 자극하기 위해서 여자 형제나 부모를 욕하는 것을 서슴지 않는다.

인간에 대한 기본 예의가 상실된 사회, 다양성이 존중되지 않는 사회에서 우리가 기대할 수 있는 게 뭘까? 차이와 차별조차 구별이 안 되는 아이들이 사회에 나갔을 때 어떤 어른이 될까?

말은 사고방식에도 영향을 미친다. 사회적 약자에 대한 편견과 비하는 상대방의 인권과 존엄성을 무시하는 것은 물론 궁극에는 당사자인 자신의 영혼까지 갉아먹는다.

꠶ 여자다움과 남자다움

결혼 8년 만에 어렵사리 낳은 쌍둥이 남매를 둔 아버지의 사례다. 고등학교에 다니는 쌍둥이 아들과 딸의 귀가 시간을 달리했더니 딸의 반발이 이만저만이 아니다. 왜 자기만 밤 9시에 들어와야 하냐며 울고불고 대들어 할 말이 없었다고 했다. 귀가 시간이 다른 이유를 물었더니, "딸이잖아요. 세상이 워낙에 흉흉한데 밤늦게 다니다가 무슨 일이라도 일어나면 큰일이지요"라고 답했다.

부모 입장에서는 밤늦게 다니는 자식이 걱정될 수도 있다. 그러나 이건 아들이나 딸이나 마찬가지다. 세상은 딸에게만 위험한 게 아니다. 오늘날 많은 부모들은 딸에게만 "밤늦게 다니지 마라"와 "야한 옷 입으면 안 돼!"라고 걱정을 늘어놓는다. 이런 '~하지 않기'는 피해자 중심의 교육이다. 분명 가해를 한 사람이 나쁜데도 불구하고 우리 사회는 은연중에 조심하지 않은 피해자를 비난한다. "그렇게 엄마가 뭐라고 그랬어? 모르는 사람이랑은 SNS

하지 말라고 했지." 이런 말들 뒤에는 '모든 게 네 탓'이라는 메시지가 숨어 있다. 피해를 당한 아이를 비난하고 있다. 만약 부모로부터 끊임없이 주의하라는 (피해자가 되지 말라는) 교육을 받게 된다면 어떤 일이 벌어질까?

가해자가 피해자를 범행 대상으로 삼았기 때문에 일어난 사고에 대해 그들은 자신을 비난한다. '내가 옷을 너무 야하게 입어서 그래.', '너무 늦게 돌아다녀서 그래.' 모든 게 다 자신의 잘못이 된다. 수치심은 가해자가 느껴야 하는 감정이다. 잘못과 비난은 가해자의 몫이어야 한다. 수치심은 존재 자체가 잘못되었다고 느끼는 감정이다. 그래서 수치심을 느끼게 되면 당당하게 사회에 나가지 못하고 그들만의 공간으로 숨어들어간다. 쉽게 드러내놓고 말하는 것조차 조심스럽다. 부모에게조차 꺼내지 못한다. 반면에 가해자는 오히려 당당해진다.

중학교 3학년 인후의 꿈은 피부관리사가 되는 것이다. 인후의 일상은 온통 화장품으로 시작해서 화장품으로 끝난다. 책가방보다 화장품 파우치가 더 크다. "남자애가 화장품에 정신이 팔려서 창피한 것도 모르고! 아무래도 어디가 모자라는 것 같아 걱정이에요." 인후 어머니의 말이다. 며칠 전에는 인후와 함께 화장품 매장에 갔다. 결국 이 날도 1시간을 넘게 화장품을 고르며 이것저것 직원을 붙잡고 묻는 인후 때문에 창피해서 중간에 나와버리고 말았다.

인후는 남자이기에 자신의 욕구를 억압받고 있다. 화장품은 여자아이들의 전용물이라 여기는 부모에게 화장품에 빠진 아들은 감추고 싶은 수치가 된다. 여자아이들이 여자다움을 강요받는 사이 남자아이들은 남자다움을 강요받는다.

"남자는 평생 3번 울어야 한다."

"남자는 주먹이지!"

"사내자식이 울긴 왜 울어?"

화내는 딸이 견디기 어려운 것처럼 우는 아들을 참기가 힘들다. 아들이 눈물을 보이는 순간 한없이 찌질하고 모자라 보여 짜증이 난다는 어머니도 있었다. 부모의 성 역할 고정 관념은 아들과 딸에게 각각 다른 위치에서 다른 모습으로 살도록 강요한다. 예를 들어 남자는 경제적이고 물리적인 면에서 부모를 책임지고 가족을 든든히 지켜야 한다. 그래서 강하고 씩씩해야 한다. 실제 찾아가는 상담에서 흔히 맞닥뜨리는 게 바로 '아들에게 거는 기대'다. "네가 엄마한테 어떻게 그러니? 엄만 너 하나만 바라보고 사는데…" 하며 아들 앞에서 눈물을 보이는 엄마도 있다. 은연중에 아들에게 의지하면서 많은 것을 요구한다. 반면에 여자아이들은 육체적으로 돌보도록 요구받는다. 아버지나 남자 형제가 있어도 집안일은 여자 몫이 된다. 그래서 여자는 더 꼼꼼하고 차분하게 여성스러워지는 걸 연습한다. 자신의 정체성을 찾아가는 사춘기 아이들에게 이런 성 역할 고정 관념은 혼란을 부추긴다. 옴짝달싹 못하도록 틀에 가두어버린다.

이제는 아들과 딸이 아니라 사람으로 키워야 한다. 아들과 딸, 딸과 아들은 다르지 않다. 그들 모두 동등한 인격을 지닌 존재다. 다르게 대우받고 다르게 키워져야 할 이유가 없다. 동시에 그들 모두는 다르다. 지구상에서 단 하나인 존재로 고유성과 독특성을 지닌 존재다. 젠더 의식은 '존재하는 모든 것이 자신의 방식대로 존재할 수 있게 하는 것'이다. 사춘기 아이들은 모든 존재를 있는 그대로 존중하는 법을 배워야 한다. 사회가 필요로 하는 것은 특정한 성에 갇힌 편협한 사람이 아니라, 인간을 인간으로 존중할 줄 아는 사람이다. 그러기 위해 그들은 존재 자체로 존중받는 경험이 무엇보다 중요하다.

☙ 성 역할 고정 관념 버리기

남아 선호 사상이 유난히 강한 지역에서 남자 형제 사이에 낀 나는 어릴 때부터 억울함과 서러움으로 똘똘 뭉쳐 있었다. 자기주장이라도 할라치면 "여자애가 왜 이렇게 못됐니?"나 "찔러도 피한 방울 안 나오겠네"라는 말을 수시로 들어야 했다. 원하는 것을 당당하게 말하는 것만으로도 이미 나는 나쁘고 독한 아이가 되어 버렸다. 그래서 점점 목소리를 줄이는 법을 배웠다. 적당히 타협하는 법도 배웠다. 그러고는 시시때때로 올라오는 죄책감과 싸워야 했다.

실제 강의에서도 나와 같은 상처를 가진 부모들을 많이 만난다. "남동생 기죽이지 마라" 또는 "여자애가 그건 해서 뭐하려고 그래?"라는 말을 어린 시절부터 줄곧 들어온 엄마들, 그녀들은 마흔이 넘은 지금도 쉽게 주눅이 들거나 필요 이상으로 눈치를 본다. 또는 이기적인 사람이 되지 않으려 발버둥친다. "세 살 버릇 여든까지 간다"는 말처럼 생각이 자리 잡기 전부터 줄곧 들어온 부모의 말은 아이의 신념이나 가치관을 형성한다. 이런 가치관과 신념은 아이가 온전한 자기로 살아가는 걸 방해한다. 아이의 행동에 제약을 가하고 잘못된 선택으로 이끈다.

문제는 부모 또한 자신의 어린 시절 경험들을 고스란히 반복한다는 데 있다. 아들이 애교를 부리는 걸 몸서리치도록 싫어하는 어머니가 있었다. "남자애가 애교를 부리는 건 꼴불견이잖아요. 볼 때마다 한 대 때려주고 싶다니까요." 반면에 활달하고 기가 센 딸을 시도 때도 없이 혼내는 어머니도 있었다. "여자 목소리가 담장을 넘으면 안 된다" 또는 "여자가 왜 이렇게 드센 거야?"라는 말을 귀에 딱지가 앉도록 들어온 어머니는 어느새 자신도 부모의 잔소리를 반복하고 있다.

사실 성교육이나 젠더 교육은 자녀가 아니라 부모가 먼저 받아야 한다. 부모의 의식과 생각이 바뀌는 것이 먼저다. 지금까지는 마치 숨 쉬는 것처럼 자연스럽게 성별 이분법적 시선으로 자녀를 바라보지 않았는가? 나도 모르게 몸에 밴 성차별적인 의식은 없는가? 근육이 딱딱하게 뭉치면 경직되고 불편하다. 이때는 서서히 자극을 주어 근육을 부드럽게 풀어주어야 한다. 부모는 딱딱하게 굳어버린 성 역할 고정 관념을 지속적으로 자극해야 한다. 문제를 인식하고 멈춰야 한다. 당연하다고 여겨온 것을 의심하고 점검해야 한다. 사춘기 자녀가 건강한 성 정체성을 확립하고 사람을 존중하고 배려하는 어른으로 자랄 수 있도록 부모가 먼저 변해야 한다.

몸 자존감을 키우는
5가지 전략

전략 ① **함께 운동하는 시간을 가져라!**

운동을 전공할 게 아니라면 굳이 귀하고 소중한 시간에 운동을 할 이유가 없다고 느끼는 부모들이 많다. 언젠가부터 몸을 움직이며 땀을 흘리는 일이 시간 낭비로 취급되고 있다. 그만큼 운동의 중요성은 간과된다. 중학교만 올라가도 상황은 더 심각해진다. 학교에서 돌아와 학원을 가고, 그러고 나서 독서실을 가게 되면 종일 앉아서 생활하는 게 전부다. 그나마 학원 간의 이동 시간을 빠른 걸음으로 걷는다면 사정은 좀 낫다. 대부분은 학원 버스나 부모의 차에 실려 이리저리 옮겨지는 택배 상자 같은 삶을 산다.

하루 종일 자신의 몸과 소통을 할 기회가 전혀 없는 경우가 비일비재하다. 머리만 집중적으로 사용하다가 두통약을 달고 산다. 부모나 아이가 운동을 무시하거나 중요하게 생각하지 않는 이유는 간단하다. 공부에 방해된다고 생각하기 때문이다. 운동할 시간이라도 쪼개서 공부하면 훨씬 더 이득이라 생각한다. 정말 그럴까?

《뇌를 읽다》의 저자이자 신경 심리학자인 프레데리케 파브리티우스Friederike Fabritius은 "당신의 몸을 변화시키면 당신의 두뇌도 변화한다. 신체에 주도권을 넘겨라. 두뇌는 곧 따라올 것이다"라고 말했다. 온종일 앉아서 머리만 쥐어짤 때가 아니라, 몸을 움직이며 땀을 흘릴 때 뇌는 활성화된다. 신경과학적으로 증명된 운동의 효과는 엄청나다.

참고로 실내에서 몸을 움직이는 것도 좋지만, 야외에서 하는 운동은 훨씬 더 효과적이다. 잠깐 동안 운동장을 뛴다거나 활기차고 빠른 걸음으로 걷는다거나 테니스 또는 배드민턴을 하는 등의 운동이면 충분하다. 일주일에 한 번 가족과 함께 산책을 하거나 자전거를 타는 것도 좋다. 상황이 여의치 않다면 집에서라도 가족이 함께할 수 있는 몸 놀이를 생각해보자. 간단한 체조나 커플 요가 또는 스트레칭도 좋다. 아무것도 하지 않는 것보다는 뭐라도 하는 게 도움이 된다.

　참고로 운동만큼 신경 써야 하는 게 바로 몸의 자세다. 자세는 우리의 감정에 직접적인 영향을 미친다. 실제로 면접을 앞둔 사람들을 대상으로 진행된 심리학 연구에 의하면 가슴을 활짝 편 상태에서 면접 준비를 했던 사람들이 그렇지 않은 사람들보다 면접에서 더 높은 점수를 받고 입사에 성공하는 확률도 훨씬 더 높다는 결과를 보였다. 몸을 활짝 펴고 가슴을 내미는 것만으로도 의욕이 생기거나 몸에 에너지가 돈다. 특히 사춘기 아이들의 경우 허리를 구부정하게 앉아 있거나 또는 걸을 때도 휴대폰을 들여다보느라 어깨나 목이 휘어 있는 경우가 많다. 구부정한 자세에서는 깊은 호흡을 유지하기가 어렵다. 짧은 호흡은 결국 두뇌의 산소량을 줄이고 이는 뇌 기능을 약화시킨다. 자세가 아이의 뇌에 미치는 영향을 이해한다면 부모는 자녀의 자세를 반듯하게 교정해줄 수 있어야 한다.

전략 ②　수면의 질을 높여라!

　앞서도 잠깐 다루었지만 사춘기가 되면 멜라토닌의 분비에 변화가 오기 때문에 늦게 잠들고 늦게 일어나는 게 정상이다. 그러나 사춘기들의 기상 시간은 본인의 선택이 아니다. 언제 잠이 들든 상관없이 일어나는 시간은 칼같다. 사정이 이렇다 보니 사춘기가 되면 전반적으로 수면의 질이 떨어진다.

천재 물리학자 알버트 아인슈타인^{Albert Einstein}은 10시간씩 수면을 취했다고 한다. 그렇다면 사춘기에게 필요한 수면 시간은 몇 시간일까? 연구에 의하면 9~10시간이라고 한다.

수면이 아이에게 미치는 영향을 간단하게 정리해보자.

첫째, 우리 뇌는 잠자는 동안 그날 하루의 일과를 처리한다. 즉, 하루 동안의 사건들을 처리하면서 중요한 것들은 장기 기억 저장소로 옮긴다. 아이들이 종일 머릿속에 꾸역꾸역 밀어넣은 지식과 정보들을 다시 차근차근 정리하여 제자리를 찾도록 만들어준다. 누가 업어 가도 모를 정도로 깊이 잠든 사이 우리 뇌 속에서는 그야말로 '신박한 정리'가 일어난다. 따라서 잠을 자지 않으면 그날 하루 죽어라 공부한 것이 말짱 도루묵이 된다. 최근 많은 기업에서 낮잠이나 근무 중 일정 시간 수면을 취할 수 있도록 하는 것도 이 때문이다. (이는 4장에서 다룰 공부 자존감과도 관련이 있다.)

둘째, 수면이 부족한 우리의 사춘기들은 더 쉽게 분노하고 조급해지는 경향이 있다. 게다가 심각한 감정 기복을 경험한다. 부정적인 상황에서 과민하게 반응하게 되며 객관적인 상황 판단이 어려워진다. 캘리포니아대학교 버클리캠퍼스 수면 및 뇌영상 연구소의 소장 매튜 워커Matthew Walker는 "잠을 자지 않으면 뇌는 더 원시적인 활동 패턴으로 되돌아간다. 두뇌는 더 이상 당시의 상황적 맥락과 정서적 경험을 연결 짓지 못하고, 그에 적합한 절제된 반응을 만들지 못한다"라고 말했다. 우울증을 확인할 때도 가장 먼저 물어보는 게 잠을 충분히 잘 자는지의 여부다. 수면 부족이 우울감을 야기하고, 우울감 때문에 잠을 못 잘 수도 있다. 또한 수면이 부족한 상황이 지속될 때 다른 사람의 얼굴에서 감정을 읽어내는 능력 또한 급격하게 떨어진다. (이는 3장에서 다룰 관계 자존감과도 관련이 있다.)

수면은 양뿐 아니라 질도 중요하다. 잠을 자려고 침대에 누웠지만 쉽사리 잠들지 못하거나 잠을 자더라도 얕은 수면 상태에 머문다면 효과가 없다.

잠들기 전에는 되도록 정적인 활동을 하도록 하는 게 좋다. 특히 잠들기 직전에 게임을 하거나 자극적인 영상을 시청한다면 문제가 된다. 게임을 하고 나서 바로 잠든 아이의 경우 깊이 잠들지 못하고 얕은 수면 상태에서 계속 머물게 된다. 게임이나 영상 속 잔영이나 잔상이 뇌에 남아서 잠을 계속해서 방해하기 때문이다. 따라서 잠들기 직전에는 자극적이고 활동적인 것을 지양하고, 되도록 정서적으로 편안하고 안정감을 줄 수 있는 활동을 하게 하

자. 예를 들어 따뜻한 차를 마시거나 가볍게 스트레칭을 해서 몸의 긴장을 이완시키는 것도 좋다. 또는 따뜻한 물로 샤워를 하거나 조용한 음악을 듣는 것도 효과적이다.

전략 ③ 얼평과 몸평을 멈춰라!

2019년 서울교육대학교에서 여자 신입생들의 얼굴을 품평하는 스케치북을 만들어 선배들에게 보고해오던 일명 '스케치북 사건'은 사회적으로 엄청난 파장을 불러왔다. 미래에 교사가 될 사람들조차 아무런 죄책감 없이 여성에게 폭력을 가하고 있다는 사실은 가히 충격적이었다.

때려야만 폭력이 아니다. 존재를 수치심이나 모멸감으로 떠미는 것도 폭력이다. 타고난 몸이나 외모에 대해 신랄하게 평가하는 것은 엄연히 폭력이다. 외모에 대한 칭찬, 즉 "예쁘다" 또는 "동안이야"라고 말하는 것도 일종의 평가다. 우리는 외모를 칭찬하면 기분이 좋을 거라 생각하지만, 그건 단순한 생각이다. (비난은 말할 것도 없다!) 외모 칭찬은 그 자체로 외모에 위계가 있으며 못생긴 것은 좋지 않다는 의미가 숨어 있다. 이미 아이들은 수없이 많은 외모 평가 속에서 성장해왔다. 어른들로부터 외모에 대한 긍정적인 평가는 좋은 행동이고, 부정적인 평가는 나쁜 행동이라고 배운다. 그래서 그들도 또래나 연예인들의 외모를 칭찬하고 평가하는 데 익숙해진다. 의식하지 않으면 권위를 부여받은 심사위원처럼 우리는 하루에도 수십 번 평가를 한다.

문제는 자신을 향한 평가다. 외모 평가에서 가장 엄격한 잣대는 늘 자신을 겨눈다. 요즘은 초등학생도 화장을 하는 아이들이 점차 늘어나고 있다. 중·고등학생은 화장을 안 하고 등교한 날은 얼굴 절반만 한 마스크를 쓴다. 화장을 안 한 맨얼굴은 그 자체로 결함이 있다고 느끼고 예의가 아니라고 여긴다. 틴트를 바르지 못한 입술은 어떻게든 감추어야 하는 부끄러운 것이 되어버린다. 이는 존재 자체를 있는 그대로 수용하지 못하고 자존감 하락으로 이어진다. 존재는 존재 그 자체로 존재할 수 있어야 한다.

'얼평'과 '몸평'도 하나의 차별이다. 부모부터 자녀의 얼굴이나 몸을 평가하지 말아야 한다. 어떤 부모는 자녀에게 직접 하지는 않지만 TV 속 연예인이나 지나가는 사람들을 보면서 끊임없이 외모를 평가한다. 은연중에 "재는 여자가 뚱뚱해서 저게 뭐니?"나 "남자가 키가 저렇게 작아서야 어디 남자 구실은 제대로 하려나?"라고 말하는 건 몸을 존중하지 않는 태도다. 부모의 이런 태도를 아이가 아무런 비판 없이 내면화할 때 문제가 된다.

이제는 '얼평'과 '몸평' 대신 독특함과 고유함을 말하자. 지구상에 오직 한 사람인 자기 존재가 얼마나 독특하고 귀한지를 깨닫도록 하자. 달라서 가치가 있다는 점을 알려주어야 한다. "넌 눈이 참 예뻐"라는 말은 수많은 눈 중 하나로 전락하게 하지만, "네 눈은 세상에 딱 하나야. 그래서 소중하고 중요해"라는 말은 가치를 부여한다. 뭘 어떻게 말해야 할지 모르겠다면 아무 말도 하지 않는 게 좋다. 부모는 자녀에게 예쁘고 날씬하거나 키가 크고 근육이 우락부락한 몸이 중요한 게 아니라, 자신을 있는 그대로 편안하게 느끼며 자신 있게 살아가는 게 더 중요하다는 사실을 가르쳐야 한다.

 전략 ④ 성별 구별 말고 존재 자체를 존중하라!

"여자애가 그런 건 해서 뭐하려고 그래?"

"남자애라면 당연히 그 정도는 할 줄 알아야지!"

"계집애가 조신하지 못하게 왜 이렇게 목소리가 커!"

"사내새끼가 왜 당당하게 말을 못 해? 등신 같이."

"여자인줄 알았으면 안 낳았을 텐데…."

많은 부모들이 털어놓은 어린 시절 들었던 '상처 되는 말' 중 일부다. 부모의 이런 말은 그저 남자라는 이유로, 여자라는 이유로 죄책감이나 수치심을 심어주고, 자라는 내내 주눅 들게 하거나 자책하게 만든다. 성별에 따른 제약은 성인이 되어도 온전한 존재로 기능하지 못하게 만든다.

강의에서 만난 어느 아버지의 사연이다. 딸이 초등학교 저학년 때 이혼을 했다. 이제 딸은 중학교 2학년이 되었고, 아버지는 모든 게 점점 불편해졌다. 딸의 성교육은 어떻게 해야 좋을지, 혹시 성별이 다른 부모와 살고 있어서 부정적인 영향을 미치지는 않을지 고민했다. 누구보다 소중해 필사적으로 싸워서 양육권을 가지고 왔지만, 날이 갈수록 점점 후회가 되기 시작했다.

엄마나 아빠, 또는 아들이나 딸이 중요한 게 아니라 존재 자체로 존중받고 수용되는 환경이 훨씬 더 중요하다. 아들이라서 이렇게, 딸이라서 저렇게 키워야 한다는 법은·없다. 자녀에게 필요한 부모는 자신들을 있는 그대로 귀하고 소중한 존재로 받아들이는 부모다. 살아가는 데는 성별이 중요한 게 아니라 존중이 중요하다. 아빠는 아빠대로, 엄마는 엄마대로 성별에 앞서 똑같은 부모라는 사실을 잊어서는 안 된다. 인간 존중의 중요성을 아는 아빠라면 딸에게도 충분히 좋은 모델링이 될 수 있다. 아버지가 모를 수 있는 성 지식은 미디어나 책 등 양질의 정보가 도처에 널려 있으므로 함께 찾아보거나 주변 여자 어른들에게 적극적으로 도움을 요청할 수 있다.

그럼에도 불구하고 염려되고 불안하다면, 혹시 내 안에도 오래된 성별 고정 관념이 피 속에 섞여 흐르는지 살펴보자. 공기나 물처럼 당연하게 받아들이는 것들은 없는지 꼼꼼하게 확인해보자.

 전략 5 일상에서 성교육을 접하게 하라!

성교육은 일상에서 자연스럽게 접할 때 가장 효과적이다. 이 중 굳이 노력을 들이지 않고도 쉽고 편안하게 접할 수 있는 가장 좋은 방법은 미디어다. 우리 주변에는 유튜브 채널이나 신문 기사 또는 TV 등 다양한 매체가 있다. 심지어 게임 속 캐릭터들의 의상이나 행동 등에서도 이야깃거리를 찾을 수 있다.

TV를 예로 들어보자. SBS 〈미운 우리 새끼〉라는 프로그램에서는 60대 어머니들이 아직도 결혼을 못 한 30~40대 아들을 격정한다. 그러면서 끊임없이 "아휴, 어서 빨리 결혼을 해야 부인이 챙겨줄 텐데"라는 말을 아무렇지 않게 한다. 마흔 넘은 아들이 일상생활에 서툴고 어수룩한 걸 당연한 시선으로 바라보며 여자들의 돌봄을 의무라 생각한다. 마치 여자가 남자를 완성해야 한다고 생각하는 듯하다.

MBC 〈나 혼자 산다〉도 마찬가지다. 성인 남성이 혼자서 사는 건 뭔가 부족하고 실수투성이고 돌봄이 필요하다는 시각이 팽배하고, 여성 출연자들이 십시일반 도와주는 에피소드가 자주 등장한다. 이런 시각은 남녀 모두에게 차별과 폭력이 된다. 남자는 덜떨어진 존재로 전락하고, 여자는 누군가를 끊임없이 돌봐야 하는 임무 속에 갇혀버린다. 아이와 함께 시청하면서 자연스럽게 이런 이야기를 꺼낼 수 있다. 그 외에도 많은 프로그램에서는 남자는 근육을 키우는 게 바람직하고, 여자는 다이어트를 해서라도 날씬한 몸매를 유지하는 게 지극히 정상이라는 메시지를 여과 없이 보여준다.

물론 TV 프로그램에 부정적인 면만 있는 것은 아니다. 예를 들어, SBS 〈골 때리는 그녀들〉은 남자들의 전유물처럼 여겨지던 축구를 여자들의 세계로 옮겨왔다. 이들은 온몸을 불살라 거칠게 경기장을 누비며 넘어지고 다친다. 매 순간 승부욕을 불태우며 자신의 한계를 시험하는 그들을 우리는 성별 속에 가두지 않는다. 또한 수많은 요리 프로그램을 들여다보면 남자 여자 구분 없이 요리하는 걸 볼 수 있다. 부모는 이런 부분들에 대해서 아이와 자연스럽게 의견을 나눌 수 있다. 아이가 편향된 시각을 갖지 않고 성별에 대한 고정 관념이나 잘못된 가치관을 만들지 않도록 일상에서 자연스러운 접근이 필요하다. 그 전에 먼저 부모부터 문제의식을 느껴야 한다.

아이에게 몸을
존중하는 법을 알려주세요

Q1

아이가 초등학교를 졸업할 때까지 체벌을 했었습니다. 최근 중학교에 올라와서도 한 번 크게 때린 적이 있습니다. 그래서인지 아이가 저와는 눈도 마주치려 하지 않고 슬금슬금 피하는 것 같습니다. 초등학교까지는 그래도 소리 지르거나 때리면 말을 듣는 것 같더니 이제는 한계가 온 것 같습니다.

A1

잘못된 훈육 방식이 아이와의 관계를 더 멀어지게 한 것 같아 안타깝고 답답하신 것 같습니다. 참고로 말씀드리자면 60년 동안 우리 법률 조항에 있어왔던 '자녀 징계권'이 2021년 1월에 완전히 폐지되었습니다. 이제는 부모라도 자녀를 어떤 이유에서든 체벌할 수 없습니다. 사실 아동 학대 문제를 일으킨 많은 부모들이 "내 자식 내가 때려서라도 가르치겠다는데 왜 참견이냐?" 하며 이 법률 조항을 근거로 항변하는 경우가 많았지요.

어떤 부모들은 '맞으면서 자랐기 때문에 잘 자랐다'라고 말합니다. 부모의 엄격한 체벌이 지금의 나를 만들었다고 믿고 싶은 거지요. 그래야 부모의 체벌이 정당화되고, 맞아서 고통스러웠던 내 경험이 어느 정도 견딜 만한 수준이 되니까요. 그러나 이건 엄연한 핑계입니다. '맞았기 때문에' 잘 자란 게 아니라 '맞았음에도 불구하고' 잘 자란 것입니다. 즉, '체벌 덕분'이 아니라 '체벌에도 불구하고'가 맞습니다. 부모의 잘못된 훈육이 아니라 자신의 회복 탄력성 덕분에 견딜 수 있었던 것이지요. 이는 자존감과도 이어지는 부분입니다.

체벌은 어떤 경우라도 도움이 되지 않습니다. 체벌을 받게 되면 아이들은 폭력에 익숙해지고 폭력을 모방하게 됩니다. 가정 폭력이 학교 폭력으로 연결되는 경우도 빈번하지요. 또한 어릴 때부터 지속적인 체벌을 받은 아이들의 경우 청소년이 되어 반항, 충동, 공격성이나 거짓말, 도벽 등 부적응 문제를 보이는 경우가 많습니다. 무엇보다 부모와의 관계가 틀어지지요.

부모도 나름 최선을 다하지만 때에 따라 잘못된 선택을 할 수도 있습니다. 중요한 점은 잘못된 행동이 아니라 자신의 실수에 대해서 어떻게 풀어가느냐를 보여주는 것입니다. 부모가 변하기 위해서는 먼저 진심어린 사과를 해야 합니다. 사실 부모가 아이에게 사과를 할 때는 엄청난 용기가 필요합니다. 용기를 내세요. 그리고 진심을 담아서 사과를 하세요. 사과하는 과정에서 아이가 받은 상처에 대해서도 듣고 공감해주세요. 얼렁뚱땅 얼버무리면서 형식적으로 하는 사과는 안 하느니만 못합니다. 부모가 생각하는 것보다 더 깊은 상처를 끄집어낸다면 그대로 인정해주세요. "야! 그 정도는 아니지 않냐?"라는 말은 금물입니다. 사과를 하는 순간까지는 참으로 힘들고 무겁지만, 하고 나서의 그 가벼움은 이루 말할 수 없습니다.

사과 전에 꼭 기억해야 할 게 있습니다. 잘못된 행동을 수정하고자 한다면 분명히 대안 행동이 따라야 합니다. 즉, 아이를 때리는 행동을 고치고자 한다면 폭력을 행사하지 않고 적절히 부모의 의견을 말할 수 있어야겠지요. 그러려면 부모 자신의 감정을 조절하는 법을 배워야 합니다. 혹시라도 아이 앞에서 감정이 격해진다면 일단 '물러나기'를 선택하시는 게 좋습니다. 타임아웃 작전이지요. 그리고 어떻게 아이와 소통할 것인지에 대해서 충분히 고민하셔야 합니다. 아이에게 전하고자 하는 메시지를 여러 번 다듬어서 미리 연습해보는 것은 어떨까요? 예를 들어, 아이에게 하고자 하는 말을 미리 종이에 적어서 외울 수도 있습니다. 누구든 익숙해질 때까지는 끊임없는 훈련이 필요합니다.

훈육은 아이에게 고통을 가하는 게 아니라 아이를 올바른 길로 이끌어주는 과정입니다. 사랑의 매는 존재하지 않습니다. 매는 그저 폭력일 뿐입니다. 어떤 경우라도 폭력은 정당화될 수 없다는 점을 꼭 기억하세요.

Q2

초등학교 6학년 딸입니다. 요즘 들어 부쩍 거울을 들여다보는 횟수가 늘더니, 자신은 너무 못생겨서 우울하다는 말을 자주 합니다. 못생기지 않다고 말해주어도 같은 말을 반복하는데 이럴 때는 어떻게 해야 할까요?

사춘기가 되면 아무래도 자신의 외모에 관심이 부쩍 많아지지요. 게다가 외모 중 특히 마음에 들지 않는 부분에 집중해서 그 부분만 확대하는 현상이 나타납니다. 눈이 작은 아이는 눈에만 온통 신경을 집중하고, 피부 톤이 어두운 아이는 피부 톤에만 관심을 쏟지요.

외모는 사춘기 자녀의 자존감을 결정하는 중요한 요소입니다. 더군다나 다른 사람도 아닌 스스로 자신의 외모를 평가 절하하게 되면 더욱더 힘들지요. 신체상에 대한 자각이 부정적일수록 자존감도 덩달아 낮아집니다. 이런 경우 자신을 적극적으로 드러내는 걸 꺼리기 때문에 외부 활동이나 자기표현에도 영향을 미칩니다. 만에 하나 외모에 대한 고민이 심각한 경우라면 상담이 필요할 수도 있습니다. 그러나 심각한 수준이 아니라면, 이때를 자녀와 신체상에 대해 함께 이야기 나눠볼 수 있는 기회로 여기세요.

자녀 스스로 자신의 몸을 존중할 수 있도록 평소에 자녀에게 관심을 기울이고 칭찬하고 격려해주시는 게 중요합니다. 몸 존중은 완벽하고 아름답고 강한 몸을 찬양하는 게 아닙니다. 오히려 보잘것없고 못나고 약한 몸을 소중하게 여기는 것입니다. "넌 참 예뻐"라는 말보다는 "너는 있는 그대로 참 소중하고 독특해"라는 말이 도움이 됩니다.

자녀가 자신을 유일하고 독특한 존재라는 사실을 깨달을 수 있도록 해주세요. 무엇보다 평가하고 판단하는 말이 아니라 존재 자체를 존중하고 수용해주는 게 중요합니다. 자신의 신체에 대한 평가는 지극히 주관적이라는 사실과 아이가 생각하는 만큼 사람들은 타인에게 관심이 없다는 사실을 깨우쳐주세요. "오늘 학원에서 집까지 오는 길에 만난 사람들이 누구 누구였는지, 그들이 어떻게 생겼는지 다 기억하니?"라는 질문만 해보아도 아이는 스스로 깨닫습니다.

때로는 실질적이고 구체적인 이야기들이 도움이 될 때가 있습니다.

"진짜 못생겼네. 뭐 이런 걸 데려왔어?"

천의 얼굴을 가진 할리우드 배우 메릴 스트립Meryl Streep이 오디션 현장에서 감독에게 들었던 말입니다. 1976년 영화 〈킹콩〉의 오디션이었지요. 이때 그녀는 이렇게 맞받아쳤습니다.

"너무 못생겼다니 유감이네요. 하지만 당신의 의견은 그저 수천 개의 의견 중하나일 뿐이에요!"

이런 유명인들의 일화는 때로 아이에게 좋은 본보기가 되기도 합니다. "네가 만약 이런 상황이라면 어땠을까?", "감독이 이 말을 들었을 때 그는 어떤 생각이들었을까?", "여러 의견 중 하나라는 말에 대해서 너는 어떻게 생각하니?" 등 자연스럽고 편안한 이야기를 통해 아이 스스로 자신의 생각을 점검해볼 수 있도록 도와주세요.

Q3

중학교 1학년 아들의 방문을 열었는데 아이의 컴퓨터 화면에서 벌거벗은 성인이 성관계하는 장면이 적나라하게 나오고 있었어요. 아이도 순간 당황하면서 컴퓨터를 꺼버리고 저도 뭘 어떻게 해야 할지 몰라 일단 문을 닫고 나왔는데, 이때는 어떻게 해야 할까요?

아들의 방문을 열었는데 예상치도 못한 상황으로 인해 얼마나 당혹스러웠을까 짐작이 갑니다. 사춘기 아들을 둔 부모들이 흔히 토로하는 고민이기도 하지요. 자녀가 사춘기가 되면 일단 아이의 방문을 노크 없이 벌컥 여는 것은 자제해야 합니다. 많은 경우 아이 방문을 사이에 두고 대치 상태에 들어가는 부모님들이 많지요. 하지만 사춘기가 되면 이제는 어엿한 어른으로 인정하고 존중하는 태도가 필요합니다. 아이는 자기만의 공간이 반드시 필요하며 그 공간만큼은 존중받아야 합니다. 방문을 열기 전에 노크를 하는 게 바로 존중의 첫걸음이지요. 이해가 어렵다면 어느 날 시어머님(장모님)이 연락도 없이 우리 집 현관문을 벌컥 열고 들이닥치는 것과 같다고 보시면 됩니다.

만에 하나 노크를 잊고 이런 상황이 벌어졌다면 그때는 일단 사과부터 하는 게 맞습니다. "이런, 엄마가 노크하는 걸 깜빡했네. 너 많이 당황했겠다. 미안해." 아이의 개인 공간을 허락 없이 침범한 부분에 대해서 사과하게 되면 아이는 존중받는다는 느낌이 듭니다. 존중받는 아이가 부모의 말을 경청한다는 사실을 잊지 마세요.

아이에게 무슨 말을 하면 좋을지, 이 상황을 어떻게 해야 할지 모르겠다면, 먼저 호흡을 고르고 놀란 마음을 진정시킨 다음 차분히 생각해보길 바랍니다. 그 자리에서 충동적이고 즉각적으로 대응할 경우 십중팔구 싸움이 되기 쉽습니다. 이때 하지 말아야 할 2가지가 있습니다. 첫째는 아이를 다그치면서 비난하는 일이고, 둘째는 모른 척 넘겨버리는 일입니다. 다짜고짜 비난을 퍼붓게 되면 아이는 들키지 않고 볼 수 있는 방법을 강구합니다. 더 은밀하고 폐쇄적인 환경을 찾게 되지요. 반대로 부모가 보고도 모른 체해버리면 어떨까요? 이런 경우 아이들은 혼란스러워집니다. 자신이 한 행동이 옳은지 그른지에 대한 명확한 기준이 없어 헷갈리게 되어 자칫 무분별하게 야한 영상물에 빠질 수도 있습니다. 사춘기는 성에 대해서 눈을 뜨기 시작하는 시기입니다. 특히 남자 아이들의 경우 테스토스테론이 지속적으로 자극하는 곳이 바로 편도체인데, 이 영역은 감정뿐 아니라 성욕도 불러일으킵니다. 아이는 잘못되어서, 삐뚤어져서 영상을 보는 게 아닙니다. 그리고 이제는 아이와 함께 성과 관련한 이슈를 음지에서 양지로 꺼내셔야 합니다.

"사실 엄마가 아까는 너무 당황해서 이야기를 못 했는데, 그런 영상은 언제부터 본 거야?"

"보면서 어떤 생각이 드니?"

무엇보다 불법적으로 만들어지는 영상을 분별해내는 방법에 관해서 교육이 필요하며, 나아가 성적 촬영물을 무분별하게 볼 경우 생길 수 있는 문제에 대해서도 깊이 있게 다루어야 합니다. 특히 비동의 불법 영상 촬영물의 경우는 소지하거나 시청하는 것만으로도 범죄가 됩니다.

성 관련 이야기가 꺼려지거나 어떻게 접근해야 할지 모르겠다면 뉴스나 신문 등에 나오는 기사로 시작해보세요. 예를 들면, 신문 기사에 '데이트 폭력'이라는 기사가 나왔다면 데이트 폭력에 대해 이야기 나눌 수도 있습니다. 또는 성희롱 관련 기사에 '성적 수치심'이라는 표현이 많이 쓰이지요. 이때 이 표현이 적절한지도 나눠볼 수 있겠지요. 또래 나이의 아이들이 성폭력 문제로 기소되었다는 내용이 나온다면 좀 더 구체적으로 아이의 의견을 들어볼 수도 있습니다. 기사에 대한 아이의 생각이나 가치관을 점검해보세요. 아이의 잘못된 가치관에 대해서는 바로잡아주셔야 합니다.

주의할 점은 성과 관련한 이야기를 할 때 아이를 너무 어린아이 취급하듯이 말하는 태도입니다. 가르치려 들지 말고 이제 막 어른의 세계로 입문한 아이를 인격체로 존중해야 합니다. 이들에게도 이제 어른 대접이 필요합니다.

중학교 1학년 딸입니다. 어느 날 우연히 아이가 자기 몸의 특정 부분을 찍어서 SNS에 올리는 걸 보고 기겁을 했습니다. 알고 보니 그때가 처음이 아니라 여러 차례에 걸쳐서 반 벗은 몸이나 몸의 특정 부위를 찍어서 올렸더라구요. 어떻게 해야 좋을까요?

A4

온라인과 SNS를 중심으로 관계를 맺는 청소년은 민감한 콘텐츠에 쉽게 노출될 수 있습니다. 아직 이 연령의 아이들은 자신의 행동이 어떤 결과를 불러올지에 대해서 모르기도 합니다. 신체적 성숙을 정신적 판단력이 미처 따라가지 못하는 거지요.

가장 먼저 아이의 행동이 자의에 의한 것인지, 아니면 타인의 협박이나 강요에 의한 것인지를 알아봐야 합니다. 혹시 후자라면 부모가 적극적으로 문제 해결에 개입해야 합니다. 사건 경위를 면밀히 파악하는 게 먼저입니다. 또한 관련된 증거 자료를 수집하여 합당한 법적 조치를 취할 수도 있습니다. 이때 아이를 무턱대고 비난하거나 혼내기보다는 차분하게 대처해야 합니다.

자의에 의한 것이라면 어떻게 할까요? 자의로 하는 경우는 여러 이유가 있습니다. 단순히 스트레스를 풀기 위해서 하는 아이들도 있는 반면에, 용돈을 벌기 위해서 하는 아이도 종종 있습니다. '스트레스 문제'와 '돈벌이 수단'은 상당히 다른 이유이므로 접근 방법도 당연히 다릅니다. 스트레스 문제라면 심리적으로 이상이 있다는 신호입니다. 그렇다면 아이의 문제가 구체적으로 무엇인지, 어떤 어려움이 있는지를 아는 게 먼저입니다. 무엇보다 스트레스를 적절하고 건강한 방법으로 풀 수 있도록 도와야 합니다. 그러나 만약 돈벌이 수단이라면 용돈이 부족한지 또는 아이의 소비 습관에 문제가 있는지를 살펴보고 그에 따른 적절한 대응을 해야 합니다.

문제는 이러한 몸 사진 등이 협박과 돈벌이 수단으로 악용될 수 있다는 점입니다. 2020년 사회를 흔들었던 소위 'N번방 사건'에도 '일탈계'가 타깃이 되었습니다. 일탈계란 음란 사진을 올리는 등 일탈 행위를 하는 계정을 말합니다. 별도의 인증 절차 없이 음란물이나 자해 콘텐츠 등을 올릴 수 있어 문제가 되지요. 특히 트위터는 과거에 비해 이용자 수가 급격하게 줄어들면서 극단적이고 폐쇄적인 문화가 형성되고 있는데요. 탁틴내일 이현숙 대표는 "SNS 이용자들이 현실 속 스트레스를 해소하고 부정적인 감정을 풀기 위해 일탈계, 자해 등 자기 파괴적인 행동을 합니다. 가정 내 소통 부족과 높은 스펙을 요구하는 사회 전반적인 분위기가 문제입니다"라고 말했습니다. 가정이나 학교에서 끊임없이 스트레스를 받을수록 인터넷에 몰입하는 경향이 두드러진다는 연구 결과는 많습니다. 스트레스를 적절히 해소하려면 현실에서의 소통이 필요합니다. 무엇보다 부모와의 친밀감이 중요하며, 언제 어떤 상황이라도 가장 먼저 부모를 찾을 수 있어야 합니다. 실제 N번방 사건 때도 불법으로 갈취한 개인 정보를 통해 부모에게 폭로하겠다는 협박에 못 이겨서 당한 경우가 많았습니다. '부모에게 알리는 것' 자체가 협박이 되는 상황을 우리는 심각하게 바라봐야 합니다. 어려운 상황일 때 아이가 언제든 도움을 요청할 수 있는 어른 한 명은 꼭 필요합니다.

3장

관계 자존감,
자기 자신이 주체가 된다

아이들의 관계가
흔들린다

뇌의 변화와 호르몬의 침투, 거기에 아동기까지의 경험이 버무려지면서 사춘기는 관계에서 사면초가에 놓인다. 관계 능력과 관련하여 사춘기들이 직면한 문제들을 살펴보자.

관계를 취약하게 만드는 4가지 방해 요인

첫째, 불안정한 감정 상태다. 전전두피질은 감정을 세분화하는 것은 물론 대뇌변연계에서 올라오는 원시적이고 충동적인 감정들을 적절히 통제하고 조절하는 기능을 담당한다. 그러나 사춘기가 되면 전전두피질이 과하게 활성이 되다 보니 그 기능이 일시적으로 마비된다. 엎친 데 덮친 격으로 신경 전달 물질에 호르몬이 뒤섞이면서 감정은 평소보다 과격해진다. 따라서 감정에 쉽게 휘말리는 건 물론이고 기분을 잘못 해석하거나 감정을 극단적으로 표현하는 경향이 있다. 길을 가다가 어깨만 부딪쳐도 덤빌 듯이 노려보거나 욕을 한다. 그리고 "개빡친다" 또는 "죽고 싶다"는 말을 아무렇지 않게 내뱉는다.

둘째, 사춘기가 되면 공감 능력이 떨어진다. 학교 폭력 문제로 처벌 위기에 놓인 아이들이 가장 많이 하는 말이 바로 "장난으로 한 번 해본 거예요!"다. 최근 일산 중학생들의 충격적인 폭행 영상이 우리 사회를 떠들썩하게 했다. 일명 '기절 놀이'라 하여 친구의 목을 조르던 중 한 여학생이 그 남학생의 성기 부분에 손을 갖다 대는 장면이 적나라하게 공개되었다. 사회적으로 비난이 쏟아지자 다음 날 해당 여학생은 사과했다. 그녀는 사과문에서 단순한 장난이었으며 친구가 얼마나 고통스럽고 수치스러웠을지 짐작되지 않았다고 말했다.

실제 학교 폭력 가해자들을 대상으로 한 설문 조사에서 37퍼센트의 아이들이 '그냥 장난으로 했다'고 응답했다. 특히 온라인상에서 벌어지는 사이버 폭력의 경우 피해자가 호소하는 정신적 고통에 비해 가해자들의 죄책감은 현저하게 낮다. 공감 능력이 떨어질수록 폭력성은 커진다. '어쩜 이토록 뻔뻔할까'라고 생각할 수도 있지만 이들은 뻔뻔한 게 아니라 무지할 뿐이다. 자신의 행동이 상대방에게 정신적 고통을 가할 수도 있다는 사실을 미처 알지 못한다. 그래서 이들을 비난하기에 앞서 차분히 가르쳐야 한다.

셋째, 사춘기 아이들은 상황을 제대로 이해하는 능력이 부족하다. 이성적이고 논리적인 기능을 담당하는 전전두피질이 일시적으로 취약해지다 보니 생각에 구멍이 숭숭 뚫린다. 상황을 엉뚱하게 해석하거나 잘못 판단하는 건 물론 상대방의 의도까지 왜곡하기도 한다.

몇 년 전 중학교 2학년 아이들을 대상으로 분노 조절 프로그램을 진행할 때였다. 강의 시작 전 담임 선생님이 들어오셔서 아이들의 자리를 재배치하기 시작했다. 아마도 외부 강의다 보니 아이들이 제멋대로 자리를 옮겨서 앉았던 모양이다. "야! 석훈이 일어나서 니 자리로 가!"라는 말에 석훈은 덤빌 듯이 선생님을 노려보며 씩씩거렸다. "아, 왜 나한테만 소리를 질러요?" 어이없는 선생님이 "어디 선생님에게 말대꾸야? 그리고 내가 언제 소리를 질렀다고 난리야?"라고 반박하자, 석훈은 책상을 주먹으로 쾅 내리치더니 자리를 박차고 밖으로 나가버렸다. 이후 담임 선생님이 따라나가고 복도에서는 실랑이가 벌어졌다. 이처럼 '나를 무시한다'는 잘못된 해석에 감정까지 합세하여 공격성과 분노를 부채질한다. 이에 더해 상대방의 표정이나 눈빛 등을 잘못 읽어 문제를 확대시킨다.

수인은 체육 시간이 끝나고 교실로 돌아온 이후 지갑이 없어진 것을 알아차렸다. 분명히 가방 안에 넣어두었는데 아무리 찾아도 없었다. 수인이 당황하면서 어찌할 바를 몰라 할 때 친구들이 수인이 곁으로 우르르 몰려들었다. 그리고 하나같이 셜록 홈즈가 되어 상황을 판단한다. 급기야는 다른 친구의 이름까지 거론되기 시작했다. 이전에도 비슷한 상황이 벌어진 적이 있었고, 그때 친구의 물건에 손을 댄 아이는 소윤이었다. 이 사건도 분명히 소윤의 짓이라고 결론이 나버렸고 아이들은 입을 모아 성토를 하기에 이르렀다. 소윤은 절대 아니라고 몇 번이나 펄쩍 뛰었지만 아이들은 믿어주지 않았고, 결국 울음이 터진 소윤은 조퇴를 하고 말았다. 그렇게 이틀 동안 소윤은 학교에 나오지 않았다. 그러나 3일째 되던 날, 공교롭게도 수인의 지갑은 엉뚱한 곳에서 발견이 되었다. 등굣길에 학교 앞 슈퍼에서 물건을 계산하고 계산대에 놓고 온 것을 슈퍼 아저씨가 챙겨두었다가 전해준 것이다.

상황에 대한 이해를 돕는 것도 전전두피질이다. 사춘기는 자신이 처한 상태, 사회적 상황 및 맥락 등을 이해하는 능력이 떨어진다. 이는 잘못된 판단이나 해석으로 이어진다. 그래서 이들에게는 무엇보다 상황을 객관적으로 살펴보는 눈이 절실하다.

넷째, 힘에 대한 잘못된 신념이다. 특히 남자아이들의 경우 몸 안에서 흐르는 테스토스테론이 편도체를 지속적으로 자극함으로 인해 위계나 서열에 대한 욕구가 강해진다. 학년 초에 중학교 교실을 가보면 심심치 않게 보는 게 깁스를 한 아이들이다. 새로운 환경 안에서 힘의 우열을 가리기 위해 엎치락뒤치락 싸우다 보면 다치는 경우도 허다하다. 교실 안에서 어느 위치에 자리 잡느냐에 따라 자신이 우월해 보이거나 사회적 위치가 올라간다고 착각한다. 상대적으로 힘이 없거나 체격이 왜소한 아이들이 따돌림의 타깃이 되기도 한다.

이뿐 아니라 폭력에 대한 의식도 사춘기들의 소통을 끊임없이 훼방놓는다. 많은 사춘기 아이들은 폭력을 문제 해결 전략으로 인식한다. 안 되면 힘으로라도 밀어붙여야 한다는 생각이 지배적이다. 특히 어렸을 때 부모로부터 신체적 학대를 당했거나 폭력이 허용적인 가정에서 자랐을 경우 이런 사고에 빠지기 쉽다.

학교에서 농구를 하고 온 용현의 팔에 선명하게 긁힌 상처를 본 아버지는 흥분했다. 누가 그랬냐고 묻자 농구하는 과정에서 불가피한 몸싸움이 있었다고 말한다. 그러자 아버지는 목에 핏대를 세우며 말한다.

"그래서 넌 어떻게 했는데?"

"아무것도 안 했는데요. 놀다 보면 다칠 수도 있어요, 아빠."

용현의 말에 아버지는 격분한다. 용현을 나약하다며 나무라는 건 물론, 누구든 공격하면 힘으로 대처하라고 일러둔다. 혹여 문제가 생기면 아빠가 다 알아서 해결해주겠다는 약속까지 더한다.

"그럴 때는 너도 때려. 아빠가 다 책임질 테니까!"

또래들에게 영향을 받아 사춘기 즈음에 자신도 모르게 폭력에 서서히 물들어가는 아이들도 적지 않다. 사춘기는 이런 내외적인 변화로 인해 의사소통에서의 어려움은 물론, 관계 자존감이 취약한 상태에 놓인다. 뇌 스케줄상 사춘기는 감정을 조절하고 충동을 통제하며 상황이나 맥락을 객관적으로 파악하는 법을 배워야 하는 결정적인 시기다. 만약 사춘기 때 감정과 관련한 양질의 교육이나 훈련이 뒷받침되지 않는다면 사춘기는 물론 성인이 되어서도 문제가 지속될 위험성이 높다.

⚜ 또래들과의 결속이 더 중요해진다

사춘기 아이의 관계를 취약하게 만드는 건 이뿐만이 아니다. 또래들의 영향도 중요하다. 부모로부터 독립을 시작한 아이들은 이제 또래들로 관심이 옮겨간다. 사춘기는 기존의 익숙한 세상에서 새롭고 낯선 세상으로 들어가는 걸 의미한다. 마치 어느 날 갑자기 아프리카 외딴 마을에 뚝 떨어졌다고 가정해보자. 이 마을의 관습이라든가 언어, 또는 어떤 행동이 적합한지, 무엇을 조심해야 하는지 등 아는 바가 전혀 없을 때 여러분이라면 어떻게 하겠는가?

답은 간단하다. 주변의 사람들을 관찰하면서 그대로 따라 하면 된다. 사춘기 아이들도 마찬가지다. 이들은 또래들과 함께 아동기 세상을 막 떠나온 상태다. 이제부터 새로운 세상에 적합한 게 무엇인지 알기 위해서 끊임없이 주변에 있는 또래들에게 시선을 돌린다. 이들은 또래들과 함께 새로운 세상에서 다른 사람들을 바라보게 된다. 이들에게 새로운 세상에 적응하는 것은 그들과 같은 언어를 사용하고, 같은 옷을 입고, 같은 행동을 하는 일이다. 그들에게 비속어나 욕설이 난무하고, 유행하는 옷이 마치 교복처럼 여겨지는 건 어쩌면 자연스러운 현상이다. 마치 도원결의라도 한 듯 결속을 다지며 친구의 고민은 곧 나의 고민이 된다.

또래 결속은 남자아이와 여자아이에게 다른 양상으로 나타난다. 남자아이들은 힘이나 서열이 중요하다면 여자아이들은 연대가 중요하다. 그래서 남자아이들은 장난처럼 치고받으며 몸으로 친구를 만드는 반면에, 여자아이들은 무언가를 함께하면서 결속을 다진다. 특히 여자아이들에게 '비밀을 공유하는 것'만큼 끈끈한 관계는 없다. 이처럼 또래 집단은 행동과 사고의 기준을 제공하고 이 기준을 통해서 사회적 행동이나 의상, 유행을 형성하는 하위 문화를 만든다.

사실 우리 집 옷장 한구석에 수년째 처박혀 있는 겨울 패딩이 있다. 10년 전 지현이 중학교 때 한창 유행했던 등산용 패딩으로, 그때는 그게 마치 교복이나 되는 것처럼 거의 모든 중학생들이 입고 다녔던 옷이다. 수십만 원에 달하는 옷이라 부모들에게도 여간 부담되는 일이 아닐 수 없었다. 이름하여 '등골 브레이커'라는 수식어까지 붙었다. 수년이 지나고 나서 지현이 한 말이 떠오른다.

"사실 나 이 옷 참 싫었어. 어쩔 수 없이 입기는 했지만 내 취향은 전혀 아니야."

사춘기는 또래들과 다르다는 걸 드러내기를 두려워한다. 모난 돌이 정 맞는다는 속담을 몸소 실천하면서, 어떻게 해서든 또래들과 같아지려고 발버둥친다. 이들에게는 또래들과 어울리지 못하고 혼자 동떨어지는 일이 죽기보다 무섭다.

사춘기들이 또래 집단에게 휘둘리거나 그들의 암묵적인 규칙 속에 매이는 일을 또래 압력Peer Pressure이라 말한다. 사춘기에게 또래 압력은 고속 도로를 달리는 것과 같다. 고속 도로에서 모든 차들이 시속 200킬로미터로 달리는 중이라면 그게 불법인 줄 알면서도 홀로 100킬로미터를 유지하기는 어렵다. 또래 압력에 어떻게 대처하느냐는 사춘기 아이에게 일생일대의 과제다.

지금까지는 또래 압력의 부정적인 영향에 대한 연구가 쏟아져 나왔다. 그래서 많은 부모들은 미어캣이 되어 호시탐탐 염탐할 수밖에 없었다. 그러나 최근 일반 청소년 그룹과 비행 청소년 그룹으로 나눠 진행된 연구에 의하면 비행 청소년 그룹은 '위험 선호적 선택'을 많이 한 반면에, 일반 청소년 그룹은 '위험 기피적 선택'을 많이 하는 것으로 나타났다. 이는 또래 압력이 무조건 부정적 영향만을 미치는 게 아니라 긍정적 영향과 부정적 영향을 모두 미칠 수 있다는 데 의의가 있다. 그야말로 누구에게는 "친구 따라 서울대 간다"가 다른 누구에게 "친구 따라 경찰서 간다"가 될 수도 있다는 말이다. 이처럼 또래는 사춘기 아이들에게 강력한 정서적 지지원인 동시에 사회화에 있어서 절대적인 역할을 한다.

어린 시절부터 부모가 자녀의 건강한 유대 관계를 위해 애쓴 경우라면 크게 문제가 없을 수도 있다. 예를 들어 봉사 단체, 댄스 동아리 또는 스포츠 동아리 등에 소속되어서 건강하게 공동체를 형성해온 아이라면 또래 압력을 견디는 내성이 그렇지 않은 아이보다는 높다.

부모라면 자녀의 또래 관계에도 관심을 기울여야 하지만 그보다는 또래와 함께 무엇을 하는지 살펴야 한다. 그렇다고 사춘기 자녀의 또래 관계에 감 놔라 배 놔라는 안 된다. 부모가 자녀의 친구 관계에 개입할 수 있는 건 초등학교 저학년까지다. 사춘기 부모는 직접적인 개입보다는 자녀의 올바른 가치관을 위해 애써야 한다. 서로가 긍정적 영향을 주고받을 수 있도록 도와야 한다. 때에 따라 자녀 혼자서 문제 해결이 어려운 상황이라면 언제든 부모에게 SOS를 요청할 수 있어야 한다.

절대로 자녀를 고속 도로 한복판에 내버려두어서는 안 된다. 무작정 "네가 알아서 해라"도 위험하다. 문제아는 없다. 다만 위험한 상황에 방치되거나 고립된 아이들이 있을 뿐이다.

사람과 감정으로
연결되는 시기

하버드대학교 정신과 교수 조지 베일런트^{George Vaillant}는 '인생을 성공적으로 잘 살기 위해서 무엇이 필요할까'에 대한 궁금증을 가지고 연구를 시작했다. 72년 동안 종단 추적한 연구 결과는 놀라웠다. 인생을 성공적으로 살아가는 사람들은 학벌이 좋은 사람도, 머리가 좋은 사람도, 그렇다고 돈이 많은 사람도 아니었다. 그 비밀은 바로 '관계'에 있었다. 그는 연구를 통해 "인생의 성공에 유일하게 중요한 것은 인간관계다"라고 밝혔다.

관계라는 말의 사전적 의미를 살펴보면 '둘 또는 여러 대상이 서로 연결되어 얽혀 있음'이라고 나와 있다. 우리는 서로 끈끈하게 연결될 때 가까운 사이라고 말한다.

인간은 근본적으로 사회적 존재이며, 관계 욕구는 인간이 타고나는 기본적인 욕구 중 하나다. 원시 시대부터 무리로부터 동떨어지는 건 생존에 대한 위협이었다. 따라서 다른 사람과 관계를 맺고 협력하면서 생존율을 높일 수밖에 없었다. 무리로부터 배척당하거나 미움을 사는 일을 위협으로 여겼기 때문에 무리에게 쉽게 동조하게 되었으며, 그들과 연결되기 위해 얼굴 표정이나 미세한 분위기를 감지하는 능력을 길러왔다. 관계에 있어서 감정을 떼고 얘기할 수 없는 이유가 여기에 있다. 이는 생존뿐 아니라 서로 긴밀히 협력해서 세상을 만들어가는 데도 도움이 된다. 혼자서는 불가능하지만 여럿이 힘을 합치면 집을 짓고 도로를 만드는 등 모든 일들이 가능해진다. 이처럼 사회적 동물인 인간에게 다른 사람들과 함께 어울려 산다는 것은 생존뿐 아니라 행복에도 매우 중요하다.

🌿 관계 자존감이란?

관계 자존감이란 관계에 대한 긍정적인 기대 및 만족도를 의미한다. 관계에 있어서 주체는 자신이며 언제든 관계를 맺고 끊을 수 있다는 자신감이다. 즉, 관계를 스스로 통제할 수 있다는 확신이 관계 자존감을 만든다. 그런 의미에서 '나'가 주체인가가 관계 자존감의 핵심이다.

자존감이 높은 아이는 스스로를 존중한다. 자신을 존중하는 아이들은 다른 사람들도 존중한다. 서로를 존중하는 마음은 신뢰의 뿌리가 되며 이는 의사소통을 원활하게 만든다. 만약 서로가 대등한 관계가 아니라 어느 누구의 희생을 바탕으로 하는 관계라면 문제가 있다. 자신이 그 희생의 대상이라면 언제든 당당하게 "NO"를 외칠 수 있어야 한다. 혼자서 해결할 수 없을 때 교사나 부모 등 주변에 도움을 요청할 줄 아는 것도 관계 자존감의 일부다.

또래들로부터 거부되거나 소외되는 아이들은 아무래도 사회적 기술을 발달시킬 수 있는 기회가 적다. 이들은 스트레스나 난관에 직면했을 때 적절한 사회적 지지원을 찾지 못해 학교 생활에서도 어려움을 겪거나 부적응 양상을 보인다. 반면에 자존감이 높은 아이들은 또래와의 갈등을 원만하게 해결하며 지속적으로 깊은 관계를 유지한다. 이들은 관계 속에서 자신의 감정을 다룰 줄 알며 타인과 적절히 소통할 줄 안다.

관계 자존감은 학업에도 직접적인 영향을 미친다. 요즘은 일방적인 지식 전달 위주의 수업이 아니라 학생들 간 상호 작용을 통해 문제를 해결하는 등 모둠별 협력 학습이 늘어나는 추세다. 따라서 수업 시간에도 사회적 기술이나 의사소통 기술이 갈수록 중요해진다. 관계에 취약하거나 정서상 문제가 있는 아이는 상호 작용 자체가 어렵다는 건 말할 필요도 없다. 다시 말해, 우리 아이가 관계 자존감이 낮다면 아무리 지적 능력이 뛰어나더라도 학업에서 효과를 보기 어렵다.

﹡ 친구가 많아야 자존감이 높을까?

"저희 아이는 친구가 너무 없어서 고민이에요. 어떻게 해야 할까요?"

이런 질문을 생각보다 많이 받는다. 물론 사춘기는 또래 집단의 수용 여부나 인기로 자존감에 영향을 받는다. 그렇다고 해서 관계 자존감이 단순히 친구 수로만 결정된다고 보면 오산이다.

인기 만점인 아이가 있다고 치자. 이 아이는 수십 명의 친구들에 둘러싸여서 약한 친구들을 괴롭히거나 따돌린다. 이 아이의 관계 자존감이 높다고 말할 수 있을까? '나만 아니면 돼'라는 생각으로 친구들을 막 대하거나 공감 능력이 현저히 떨어진다면 관계 자존감은 바닥이다.

한편 타고나기를 사회적 욕구가 적은 아이들이 있다. 이들에게는 친구가 고작 2~3명이라도 관계 자존감이 충분히 높을 수 있다. 여러 친구들이 자신을 괴롭히지만 그 상황에서도 꿋꿋하게 자신의 의사를 표현하고 적절하게 잘 대처하는 아이라면 관계 자존감은 이상 없다.

이처럼 관계 자존감은 관계의 양이 아니라 질이 결정한다. 서로 긍정적인 영향을 받으며 성장하는 관계라면 괜찮다.

정서적 공감과 인지적 공감

1990년대 심리학자인 피터 샐로비Peter Salovey와 존 메이어John Mayer는 그들의 논문에서 '정서 지능Emotional Intelligence'이라는 말을 처음으로 사용했다. 정서 지능이란 자신과 타인의 감정과 정서를 이해하고 감정들을 구별할 줄 알며 사고와 행동을 이끄는 데 감정 정보를 활용할 줄 아는 능력이다. 정서 지능은 자신의 감정을 제대로 인식하는 것부터 적절히 표현하고 조절하는 것 모두를 포함한다. 정서를 다룰 줄 아는 것도 능력의 차원이다. 정서 지능이 높은 아이들은 자신의 감정뿐 아니라 타인의 감정까지 알아차리고 공감한다. 또한 자신들의 목표를 위해 감정을 적절히 활용할 줄 안다.

친구의 물건을 훔쳐서 중고 사이트에 올렸다가 걸려 선도위원회에 회부된 아이가 있었다. 문제는 그 뒤에 일어났다. 자신이 물건을 훔쳐서 올렸다는 사실을 선생님에게 이른 친구를 흠씬 패주었다가 학교폭력대책심의위원회까지 열렸다. 아이는 상담 내내 당당한 자세로 고개를 치켜들고 말했다. "그 자식이 잘못했잖아요. 치사하게 왜 일러바치냐고요. 지하고는 상관도 없는 일을!" 마치 정의구현을 했다는 식으로 말하는 이 아이에게서 죄책감이나 미안한 마음은 털끝만큼도 찾아볼 수가 없었다.

공감이란 다른 사람의 감정을 이해하고 그 사람의 입장이 되어보는 걸 말한다. 공감은 정서적 공감과 인지적 공감으로 구분된다. 정서적 공감은 감정 이입 능력으로 다른 사람의 감정을 이해하는 능력이다. 우는 친구에게 다가가 위로를 하거나 불쌍한 사람을 보며 안쓰럽게 여기는 것이 정서적 공감이다. 정서적 공감 능력이 높은 아이는 친구가 다칠 때 함께 아파하고 위험에 처했을 때 같이 걱정한다. 정서적 공감은 어느 정도 타고나는 측면이 있다. 기질적으로 사회적 민감성이 높은 아이들은 다른 사람들의 표정이나 분위기 등을 예민하게 감지한다. 그러나 타고나지 않았더라도 부모의 도움으로 충분히 기를 수 있다. 부모가 자녀로 하여금 상대방의 감정이나 마음을 살펴보도록 하면 자녀의 정서적 공감 능력은 키워진다.

만약 15세 소녀가 지금 당장 결혼을 하겠다고 선언한다면 여러분은 뭐라고 할 것인가? 혹자는 미쳤다거나 발랑 까졌다(?)고 생각할 수도 있다. 그러나 소녀가 살고 있는 나라와 문화 또는 처한 상황이나 환경을 고려해본다면 어쩌면 연민의 시선으로 바라볼 수도 있다. 이처럼 인지적 공감이란 상대방의 입장에서 생각할 수 있는 능력이다. 즉, 상대방이 처한 상황을 이해하고 그 상황에 대한 그 사람의 판단과 결정을 존중하는 걸 말한다. 인지적 공감은 공짜로 주어지거나 나이를 먹는다고 저절로 발달하지 않는다. 대신 수많은 경험과 연습을 통해서 길러진다. 인지적 공감 능력이 높은 아이는 자신뿐만 아니라 다른 사람의 행동에 대해서도 객관적인 입장에서 전제 맥락을 보기 위해 노력한다. 또한 눈에 보이는 행동뿐 아니라 행동 이면의 동기를 이해하고자 애쓴다.

모든 상황에는 맥락이 있다. 한 사람이 어떤 행동을 했을 때는 그 사람이 처한 환경과 상황이 있으며 그 사람 나름의 가치가 있다. 이 모든 것을 이해하지 않고 상대방의 행동을 성급히 판단할 수는 없다. 사고 능력이 어느 정도 받쳐주어야 가능하다는 측면에서 사춘기 때 인지적 공감은 어려울 수밖에 없다. 참고로 뇌 과학적인 연구에 의하면 인지적 공감이 거의 완성되는 시기는 바로 10대 중·후반이다. 따라서 지금이 아이의 공감 능력을 길러줄 다시 오지 않을 기회다.

감정 조절의 열쇠는 부모의 손에 있다

찾아가는 상담을 의뢰받아 이안의 집을 방문했다. 중학교 2학년 이안의 방문에는 커다란 달력이 걸려 있었다. 이안의 취향은 아닌 듯 따로 노는 달력에 자꾸만 눈이 갔다. 이안 어머니는 이런 나를 눈치챘는지 깊은 한숨을 쉬었다. 그러고는 달력을 조심스레 들추어 보여주었다. 문은 움푹 패여 있었다. 아마도 누군가 주먹으로 가격을 한 듯 속살을 허옇게 드러낸 채 흉물스러웠다. 엄마와 다투는 중에 자기 성질을 못 이긴 이안이 외마디 같은 욕설과 함께 주먹으로 쳤다고 한다. 초등학교까지는 순하던 아들이 중학교에 들어가더니 점점 미쳐간다며 이안 어머니는 눈물을 보였다.

많은 부모들은 충동적이고 파괴적인 감정을 다스리지 못하는 사춘기 자녀를 더는 두고 보기가 힘들어 교육이나 상담을 찾는다.

"자녀가 화를 낼 때 어머님(아버님)은 어떻게 반응을 하시나요?"

강의 중에 늘 던지는 질문이다. 같이 욱해서 화를 내는 부모, 혼내거나 때려서라도 화를 누르려고 애쓰는 부모, 모른 체하면서 무시하는 부모, 다른 것으로 관심을 돌리려고 애쓰는 부모 등 자녀의 감정에 대한 반응은 부모마다 다르다. 생각해보자. 아이가 자신의 화를 다루는 방법을 어떻게 배울까? 바로 감정에 대한 부모의 반응에 답이 있다. 화난 자신에게 더 큰 화로 대응하는 부모를 보면서, 아이는 자신의 감정이 잘못되었다는 걸 깨닫는다. 자신의 감정이 부모를 화나게 만들고 있다. 그리고 부모가 처리하는 방식대로 처리하고자 한다. 자신의 감정을 무시하거나 또는 감정에 충분히 머물지 못하도록 다른 것으로 주의를 전환시키려고 애쓰는 부모를 보면서 자녀는 혼란스럽다. 자신의 감정에 대해 불편함을 느낀다. 그래서 그들 나름의 방식으로 감정을 마구 씹어 삼킨다. 어떻게든 감정으로부터 도망치려 든다.

모든 감정에는 이유가 있다. 우리 아이가 미친 듯이 화를 낸다면 화날 만한 충분한 이유가 있다. "뭘 그딴 걸 갖고 그렇게 화를 내니?"나 "성질이 그렇게 더러워서 어떻게 할 거야?"라는 말은 오히려 화를 부채질한다. 아이의 화에 화로 대응하는 것만큼 어리석은 일은 없다. 이는 기름통을 안고 불길 속으로 뛰어드는 것과 같다. 아이의 감정에 부모의 감정을 섞는 순간, 엉킨 실타래처럼 상황은 복잡해진다. 그러므로 아이의 들끓는 감정 앞에서 부모만큼은 더없이 차분해야 한다.

일단 '아이가 이렇게 소리치고 흥분하는 데는 내가 모르는 아주 중요한 이유가 있을 거야'라는 생각이 먼저다. 생각이 개입되면 감정의 틈을 만든다. 이 틈이 비로소 부모 감정과 아이 감정을 분리해준다. 일단 아이의 화가 어느 정도 가라앉기를 기다려보자. 감정은 속성상 가만히 두면 몇 분 만에 가라앉는다. 그저 지켜보고 기다려주면 사그라진다. 이때는 아이 감정보다 먼저 부모 자신의 호흡에 집중해야 한다. 잠시 호흡의 흐름을 따라가본다. 자신의 호흡이 편안하게 느껴지면 이제 아이의 마음으로 시선을 돌려보자. 담담히 바라볼 수 있는 용기면 충분하다.

"기다릴 테니 마음이 차분해지면 그때 말해줄래?"

그러나 많은 부모들은 인내심을 잃고 불쏘시개를 마구 휘저으며 감정을 더욱더 부추기는 실수를 저지른다. 만약 어떻게 해도 감정이 파도처럼 밀려와 걷잡을 수 없을 지경이라면 일단 그 자리를 피하는 게 상책이다. '부모 감정부터 다스리기'. 이 말은 수천 번을 강조해도 지나치지 않다. 무엇보다 부모 스스로 자신의 감정을 다루는 방식을 점검해보기 바란다. 정서를 다루는 방식은 은연중에 자녀에게 대물림된다. 서당 개 3년이면 풍월을 읊는다고 한다. 늘 화내고 짜증 내는 부모와 10년 넘게 살아온 아이들은 무엇을 배울까?

감정을 토해내거나
삼키거나

"옆집 아이는 같은 사춘기인데도 멀쩡한데 왜 유독 우리 아이만 이렇게 힘들까요?"

사춘기 자녀를 둔 부모들이 가끔 하는 질문이다. 같은 사춘기 터널을 통과하고 있는데 아이마다 나타나는 증상은 천차만별이다. 초등학교 때까지는 멀쩡하던 아이가 나날이 문제를 일으켜 마치 등교하듯이 학교를 찾아가는 부모가 있다. 그런가 하면, 말을 안 해주면 사춘기인지도 모를 정도로 조용하고 무난하게 지나는 아이들도 있다. 사춘기가 이처럼 다양한 양상으로 나타나는 이유는 뭘까?

☀ 사춘기의 감정은 아동기 경험의 결과물이다

이 세상 모든 아이들은 지극히 불완전한 상태로 태어나 일정 기간 누군가의 지속적이고 희생적인 돌봄을 필요로 한다. 이때 생존을 위해 믿을 만한 양육자에게 달라붙으려는 행동을 하는데 이를 애착Attachment이라고 부른다. 애착은 생존 본능이며 자신을 안전하게 보호하고자 하는 기제다. 안정적으로 애착이 형성된 아이는 부모를 안전 기지 삼아서 적극적으로 세상을 탐색하며 적응해가는 반면에, 그렇지 못한 아이는 위축되거나 비정상적인 탐색 행동을 보인다. 애착 과정에서는 아이의 생리적 욕구뿐 아니라 정서적 욕구도 적절히 충족되어야 한다. 그러나 민감하지 못한 부모가 자녀의 감정이나 마음을 제대로 돌보지 못하거나 부적절한 반응을 보일 경우 문제가 생긴다.

"너는 어떻게 된 애가 툭하면 그렇게 성질을 내니?"

"한 번만 더 징징대면 쫓아내버릴 거야"

"자꾸 울면 너 내 아들 아니야!!"

부모가 위안을 주는 안전한 피난처가 아니라 오히려 정서적 위협을 가하는 두려움의 대상이라면? 아이는 어디에도 기댈 곳이 없다. 사춘기도 다르지 않다. 아직 아동기를 완전히 벗어나지 못한 아이들은 내면의 상처를 다룰 수 있는 내적 자원을 가지고 있지 않다. 어릴 때부터 감정에 대해 제대로 배우지 못한 아이들이 커간다고 해서 저절로 감정을 처리하는 법을 배우기란 어렵다. 부모가 아이의 감정을 소중하게 다뤄주지 않는 이상, 아이는 어디에서도 감정 교육을 받을 수 없다. 적절히 소화되지 못한 감정찌꺼기는 내면에 남아 불씨가 된다. 이처럼 사춘기 자녀가 지금 드러내는 감정은 아동기까지의 경험을 토대로 차곡차곡 쌓여온 결과물이다.

아동기까지의 경험과 아이의 타고난 기질이 범벅이 되어 사춘기가 되면 감정적으로 폭발하는 아이도 있는 반면에, 아예 감정의 입구를 막아버리고 머리로만 생각하면서 살아가려는 아이도 있다. 이들은 주로 잠으로 빠진다거나 술을 마신다거나 또는 게임이 안전한(안전하다고 믿는!) 은신처라고 믿는다. 그러나 감정의 압력이 거세질수록 감정은 가스처럼 점점 새어나온다. 따라서 사춘기 자녀가 정서적으로 불안정하며 감정을 적절히 다루지 못한다면, 부모는 먼저 아동기까지 부모 자신이 감정에 어떻게 반응했는지를 점검해보아야 한다.

🌿 감정을 토해내는 아이들

지민은 초등학교 4학년 때 상담이 의뢰되어 만났던 아이다. 상담 당시 지민은 초등학교 4학년답지 않게 굉장히 왜소했으며 깡말라 있었다. 부모의 신체 학대로 신고가 된 경우였으며, 지민의 엄마나 아빠는 화가 나거나 일이 제대로 풀리지 않으면 지민을 때리거나 잠을 재우지 않은 등 괴롭혔다. 지민은 부모로부터 사랑받고자 하는 욕구가 유난히 강했으며, 관심을 끌기 위해 유난스런 행동을 많이 했다. 다소 산만하기는 했지만 귀엽고 붙임성이 강한 아이였다.

몇 년이 흘렀을까? 지민에 대한 이야기를 다른 상담사로부터 전해 들었다. 지민 부모님은 결국 경제적인 문제로 인해 이혼을 하게 되었고 중학교 3학년이 된 지민은 엄마와 단둘이 살고 있었다. 문제는 지민이 학교에서 소위 말하는 일짱이라는 사실이다. 중학교에 들어가면서부터 공격적이고 폭력적인 성향이 드러나기 시작했고 학교 폭력 문제에 연루되어 온갖 처분을 받고 있었다. 심지어 엄마를 때리기까지 했다. 어렸을 때 자신에게 가해진 폭력 그대로를 부모에게 되돌려주고 있었던 것이다. 지민 어머니는 더 이상 감당이 되지 않는 지민을 어찌할 바 몰라 상담을 의뢰하기에 이르렀다.

어릴 때부터 꾹꾹 눌러둔 감정은 뒤틀린 양상으로 표출이 된다. 어릴 때 받은 마음의 상처는 편도체에 생체기를 남긴다. 상처받은 뇌는 인지나 정서, 사회성의 발달에 부정적인 영향을 미친다. 폭

력은 변연계의 발달을 저해하고 변연계 중에서도 특히 편도체를
예민하게 만들어 아주 작은 스트레스에도 지나치게 불안하거나
공포에 짓눌린다. 무엇보다 자기에게 닥친 문제를 폭력으로 해결
하려 든다. 지금 내가 힘들고 괴로우면 뭐든 때리고 부수면 그뿐
이다. (사춘기는 전전두피질의 문제로 앞날을 예측하기가 어렵다.)

아주 어릴 때 지민이 선택할 수 있었던 것은 그저 참고 견디는
것이 전부였다. 그러나 스스로 다 컸다고 느껴지는 순간, 지민은
삼켜버린 감정을 마구 토해낸다.

🌿 분노는 당연한 감정이다

어린 시절 애착 형성에 아무런 문제가 없던 아이라도 사춘기가
되면 감정적 문제에 휩싸이게 되어 부모를 당황하게 만든다. 그러
나 부모가 알아야 할 것은 사춘기의 분노는 당연한 감정이라는 사
실이다. 독립을 위해서는 분노나 충동성이 있어야 한다. 사춘기는
그 어느 때보다 통제나 억압을 견디기 어렵다. 따라서 갈등을 감
수하고서라도 과감하게 기존의 관행에서 벗어나고자 하며 권위에
의문을 갖고 반발한다. 이런 과정을 거치면서 자신의 것을 찾는
게 바로 사춘기에게 주어진 과제다. 사춘기의 돌발적이고 충동적

인 감정 이면에는 자기 고유의 가치를 만들고 지키고자 하는 욕구가 숨어 있다.

때로 화를 낼 줄 몰라서 문제를 겪는 아이들도 심심찮게 만난다. 화를 내야 할 때 제대로 화를 못 내면 자신의 경계를 지키기 어렵다. 누가 봐도 화를 내는 게 마땅함에도 불구하고 자신 안의 화를 감당하기 어려워하는 아이들이 폭력의 타깃이 되는 경우가 종종 있다.

부모는 권위에 도전받는다는 생각이 들면 위기의식을 느낀다. 그래서 따지고 대드는 아이를 견디기 어렵다. 그러나 그럼에도 불구하고 아이의 반항과 저항을 이해할 필요가 있다. 아이를 무조건 힘으로 누르려고만 해서는 안 된다. 감정은 통제가 아니라 존중해야 할 대상이다. 다만 아이의 행동이나 태도가 과하다 싶을 때는 반드시 경계가 필요하다. 자녀의 까칠한 태도는 이해하지만 부모에게 막무가내로 무례하게 굴거나 욕설을 내뱉는다면 이건 엄격하게 가르쳐야 하는 부분이다.

사춘기 자녀와의 소통을 위해서는 눈에 보이는 것뿐 아니라 보이지 않는 것까지 볼 수 있는 시야를 키워야 한다. 아이의 까칠한 말투가 아니라 말투 속에 감춰진 진정한 속내를 읽으려 애써야 한다. 자녀의 말 한마디 한마디를 수수께끼라 생각해보자. 부모의 이런 태도가 자녀에게 전하는 바는 크다. 부모로부터 이해받고 존중받는 경험만큼 사춘기 자녀들에게 중요한 건 없다. 자신이 잘못되지 않았다는 확신이며 제대로 성장하고 있다는 증거다. 정서적으로 안정감을 확보하고 이 안정감을 바탕으로 뭐든 경험해보고 도전해볼 수 있다.

⅍ 감정과 행동을 분리시켜라

이쯤 되면 이런 질문이 떠오른다.

"그럼 아이가 불같이 화를 내고 버릇없게 구는 걸 그냥 두고 보나요?"

물론 분노라는 감정은 그들에게 타당하지만 발산하는 것은 다른 문제다. 느끼는 것과 행동하는 것은 별개다. 아이들은 자라는 과정에서 감정과 행동을 분리하는 법을 배워야 한다. 화가 나는 건 당연하지만, 화풀이를 하는 건 생각해봐야 할 문제다. 화라는 감정은 죄가 없지만, 그에 따른 행동은 죄를 물을 수 있다. 그들에게 가장 필요한 것은 모든 감정은 수용받되, 행동에 대해서는 명확한 한계를 배우는 일이다.

칼은 잘 쓰면 훌륭한 요리 도구가 되지만 잘못 사용하게 되면 위험한 폭력 도구가 되기도 한다. 화나 분노는 '도와달라'는 아이의 SOS다. 얼굴 붉히며 함께 화를 낼 게 아니라 아이의 다친 마음을 어루만져야 할 때다. 제때 적절히 치유받지 못한 감정은 무기가 되어 아이 자신뿐 아니라 다른 사람을 해칠 수 있음을 유념해야 한다. 화가 많은 우리 아이가 동네 양아치가 되느냐, 사회의 리더가 되느냐는 분노라는 감정을 어떻게 다루는가에 달려 있다고 해도 과언이 아니다.

☙ 감정을 삼키는 아이들

중학교 3학년 졸업이 몇 달밖에 남지 않은 가희는 출석 일수 부족으로 학교로부터 퇴학 명령 처분이 떨어지기 직전이었다. 그야말로 중학교 졸업장도 못 받을 위기에 처해 있었다. 가출을 하는 것도 아니고, 문제 행동을 일으키는 것도 아니다. 그저 학교를 못가고 있을 뿐이었다.

찾아가는 상담이 의뢰되어 집을 방문했을 때 가희는 자고 있었다. 기면증인가 싶을 정도로 거의 대부분 잠에 빠져 있었다. 그러다 저녁 시간 일어나 밤새 게임을 했다. 그리고 새벽녘에 겨우 잠에 들었다. 아무리 깨워도 일어나지 못하는 가희를 보는 엄마는 속이 뒤집혔다. 어떤 때는 사생결단 깨워서 학교를 보내기도 하지만, 대부분 포기하고 엄마는 출근을 했다. 병원 진단도 받아 봤지만 별다른 신체적 문제는 없다는 결과만 받아들었다. 심리 치료 과정에서 우울증이라는 진단을 받았다.

가희는 초등학교 때까지는 남부럽지 않은 딸이었다. 학교 성적은 물론 피아노도 제법 잘 쳐서 대회에서 상을 휩쓸 정도였다. 그러나 중학교에 들어가면서 점점 변했다. 말대꾸를 하고 반항을 했다. 가희의 반항이 엄마에게는 먹히지 않았다. 반항하면 할수록 오히려 현실은 더 가혹해졌다. 바늘 끝조차도 들어가지 않을 것 같은 엄마의 규칙과 기대 속에서 가희는 점점 시들어갔다. 어느새 동공에 힘이 풀리면서 잠을 자기 시작했다.

분노를 폭발하는 아이도 문제지만, 가희처럼 도무지 의욕이 없고 처져 있는 아이도 마찬가지로 힘들다. 가희는 현실의 해결되지 않는 모든 문제를 피해 잠속으로 도망가고 있었다. 가희에게 잠은 아무에게도 방해받지 않고 쉴 수 있는 유일한 심리적 도피처다.

부모가 이혼한 이후 가희 어머니가 가희에게 거는 기대는 점점 커졌다. 보란 듯이 키워내고 싶은 욕심에 피아노 학원에서부터 논술학원까지 다니는 학원만 손에 꼽기도 어려울 정도다. 게다가 대충하는 꼴을 못 보는 어머니는 매 순간 가희를 다그치고 몰아붙였다. 가희는 아무리 힘들어도 입도 벙긋하기 어려웠다. 시시때때로 고개를 드는 감정은 그저 거치적거리는 방해물에 불과했다. 가희의 욕구나 마음은 그렇게 쓰레기통에 처박힌 지 이미 오래다.

감정으로 꽉 차 있는 아이들은 소금에 절인 배추마냥 몸이 무겁다. 이들은 대체로 우울하거나 무기력하다. 심리학자인 지그문트 프로이트Sigmund Freud는 "감정을 표현하지 못하고 억압하는 데서 오는 내적인 압력은 끔찍하다. 감정을 억압하는 것은 감정을 처리하는 부적절한 방식이다. 억압된 감정은 내면에서 증폭된다"라고 말했다. 풍선을 터뜨리지 않고 바람을 빼기 위해서는 딱 1밀리미터 정도의 숨구멍이 필요하다. 감정도 마찬가지다. 감정에도 숨구멍이 필요하다. 아이가 무기력하고 쉽게 주저앉는다면 아이 내면에 꽉 차 있는 감정에 주목해야 한다. 아이는 온몸으로 경고 신호를 보내는 중이다. 아이의 문제 행동 이면에는 제때 처리되지 못한 감정이 꽉 차있다. 부모는 겉으로 드러난 행동이 아니라, 행동 이면에 감춰진 감정을 들춰내는 일이 시급하다. 이때는 감정을 자유롭게 표현하고 공감받는 것이 무엇보다 중요하다. 이들의 고통스러운 감정에 귀 기울여주어야 한다. 감정은 알아만 줘도 처리되는 속성이 있다. 때로는 "참 힘들었겠다", "얼마나 답답했니?"라는 말 한마디가 숨구멍이 되기도 한다.

⚘ 탈 없이 지나가면 그걸로 끝일까?

간혹 자녀가 사춘기를 전혀 문제없이 무난하게 지나고 있다며 자랑스럽게 말하는 부모들도 있다. 사춘기 자녀가 고분고분 부모의 말에 따르고 말썽 한 번 일으키지 않으면 정말 좋은 걸까? 안도하고 말면 그만일까? 속된 말로 '지랄 총량의 법칙'이라는 표현이 있다. 누구나 '지랄'해야 하는 총량이 정해져 있다는 의미다. 흔히 재채기와 사랑은 숨기기 어렵다고 하지만 여기에 하나 더 추가할 수 있는 게 '사춘기 증상'이다. 사춘기의 격변기를 거치면서 거의 대부분은 성장에 따르는 혼란과 불안을 경험할 수밖에 없고 이러한 내적 동요는 겉으로도 새어나오게 된다. 만약 사춘기 자녀가 전혀 사춘기답지 않게 무난하게 행동하고 있다면 어쩌면 내면의 불안을 표출하지 않기 위해 각고의 노력을 하고 있는지도 모른다. 무딘 부모가 이를 미처 알아채지 못할 뿐이다.

발달 심리학자들은 영아기 부모들에게 민감성을 강조한다. 아이의 요구를 민감하게 알아차리고 즉각적으로 반응해주는 게 성장과 발달에 아주 중요하다는 이유다. 그러나 이 민감성은 영아기뿐만 아니라 제2의 성장기를 맞고 있는 사춘기 자녀에게도 절대적으로 필요하다. 아이의 요구나 욕구에 적절하게 대처하려면 자녀가 흘리는 단서들을 놓치지 않고 끌어모아야 한다.

내적 동요를 어떻게 표현하느냐는 사춘기의 과제다. 힘들면 힘들다고, 어려울 때는 어렵다고 제대로 표현할 수 있어야 한다. 감정들을 무시하고 억누르는 게 좋은 해결책은 전혀 아니다. 특히 사춘기 때 자신의 내면을 적절히 드러내고 치유받지 못하게 되면 20대가 넘어서 감정의 소용돌이 속으로 휘말리기도 한다. 대학에 들어가서 내면의 혼란스러움과 불안을 견디기 어려워 방황하고 헤매기도 한다. 성인이 되어 부모의 권위에 사사건건 토를 달고 도전하게 된다. 또는 부모와 아예 담을 쌓고 연을 끊어버리는 아이들도 있다.

따라서 부모는 사춘기 자녀가 무난하고 무탈하다고 그저 안심할 게 아니라 아이를 잘 관찰해야 한다. 어떤 경우라도 소통의 끈을 놓아서는 안 된다. 혹여 우리 아이가 어려움에 직면해 있다면 적극적으로 나서서 돕고 지원해주어야 한다.

관계는
부모에게서 배운다

셔츠를 입을 때 첫 단추를 잘못 끼우게 되면 옷매무새가 엉망이 된다. 관계도 마찬가지다. 부모는 자녀에게 첫 단추다. 어린 시절의 관계가 어땠는지에 따라 이후 사춘기까지도 영향을 미친다. 사춘기의 감정을 표현하는 방식, 예를 들어 감정을 마구 토해내거나 꿀꺽 삼켜버리는 방식은 어린 시절부터 만들어진 패턴이다. 자신과 타인, 그리고 세상을 어떻게 해석하고 이해하는가도 부모와의 관계에 그 뿌리를 둔다. 부모 자녀 관계는 교사나 또래 관계로도 확대되며 나아가 사회적인 관계, 권위 있는 인물과의 관계 설정에도 직접적으로 영향을 미친다.

🌿 관계 통장의 잔고 확인해보기

중학교에 다니는 아들의 학교 부적응 문제 때문에 엄마는 상담을 받게 되었다. 그런데 아이와 함께 있는 자리에서 상담사가 "너 엄마 때문에 참 힘들었겠다"라는 말을 했다. 이 말을 듣자마자 엄마는 할 말을 잃었다. 어떻게 아이 앞에서 엄마가 문제라는 이야기를 할 수 있는지 이해할 수가 없다고, 고소를 운운할 정도로 흥분했다. 물론 상담사의 경솔한 측면도 있지만 생각해볼 여지가 있다. 지금 어머니는 아들과의 갈등이라는 본질에서 벗어나 자신의 감정에 갇히고 말았다.

부모 입장에서는 금이야 옥이야 키운 자식이 말도 안 되는 문제에 휘말리는 것 자체가 기절할 노릇이다. 더군다나 그 이유가 자신에게 있다고 하면 피를 토할 일이다. 대부분의 사춘기들은 격정의 시기를 보낸다. 그러나 그 정도는 아이마다 다르다. 사춘기라고 해서 누구나 사건 사고의 주인공이 되는 것은 아니다. 물론 이전 아동기와는 다르지만 변화의 정도가 미세하여 질풍노도의 시기를 지나는지조차 모르게 지나는 아이들도 분명 있다. 그렇다면 이 차이는 어디서 나오는 걸까?

'관계 통장'이라는 말이 있다. 잔고가 두둑하게 쌓인 통장도 있지만, 때에 따라 마이너스가 찍힌 것도 있다. 어릴 때부터 부모가 자녀의 감정을 편안하게 수용하고 자녀의 말을 경청할 때 통장의 잔고는 올라간다. 반면에 부모가 비난을 퍼붓거나 아예 관심조차 주지 않을 경우 잔고는 급속도로 줄어든다. 관계 통장의 잔고는 아동기까지는 실질적으로 잘 드러나지 않는다. 부모의 돌봄과 관심이 절대적으로 필요한 아동기는 관계 통장이 마이너스라도 부모에게 의지하고 매달릴 수밖에 없기 때문이다. 이때까지는 부모도 관계 통장 상태에 별 관심이 없다. 문제는 사춘기 때 적나라하게 드러난다. 마치 옷으로 대충 가려둔 상처가 피범벅이 되어서야 바지를 뚫고 새어나오는 것과 같다. 사춘기 자녀가 왜 이렇게까지 행동하는지 도무지 이유를 알 수 없을 때, 그때가 바로 관계 통장의 잔고를 확인해봐야 할 때다. 관계 통장이 마이너스인 아이들은 부모와의 관계 회복을 포기하고 그 부족함을 다른 것으로 채운다. 이런 경우 관계에서의 불균형이 일어나기에 십상이며, 우리 아이가 희생자 입장이 될 수도 있다.

많은 부모들은 문제의 뿌리를 바깥에서만 찾으려 애쓴다. 그래서 끊임없이 탓을 한다. 자녀의 문제 행동을 '친구 탓', '선생님 탓'으로 돌린다. 탓을 하다 보니 문제를 통제할 능력이 자신에게 없음을 알고 분개한다. '우리가 무엇을 할 수 있을까?'가 아니라 '그들이 왜 제대로 해주지 않을까?'에 몰두한다. 그러나 대부분 그 뿌리는 부모와의 관계에서 시작된다. 따라서 지금이야말로 잔고를 확인할 절호의 기회다. 만에 하나 잔고가 부족하다면 처음부터 다시 시작해야 한다.

🌿 아이는 바라봐주는 대로 자란다

한 나라의 왕이 신하들에게 코끼리를 관찰하고 와서 보고하라 일렀다.

"코끼리는 커다란 기둥처럼 생겼습니다."

하루 종일 코끼리의 다리만 만지다 온 신하가 말했다. 그랬더니 코끼리의 코만 만지다가 온 신하가 펄쩍 뛰며 말한다.

"아닙니다. 코끼리는 마치 구렁이처럼 생겼습니다."

그 옆의 신하는 고개를 갸우뚱하면서 말한다.

"글쎄요. 코끼리는 굉장히 딱딱한 뿔처럼 생겼던데….”

이 신하는 코끼리의 뿔만 들여다본 신하였다. 또 다른 신하는 "코끼리는 펄럭거리는 부채처럼 생겼습니다"라고 말한다. 코끼리의 귀만 만지작거린 신하였다. 마지막 순서인 신하는 "코끼리는 채찍처럼 생겼습니다"라고 말했다. 꼬리를 붙들고 있던 신하였다. 어떤가? 이들이 말하는 부분은 모두 코끼리다. 그러나 코끼리의 입장에서는 미치고 팔짝 뛸 일이다.

'내가 뿔처럼 생겼다고? 내가 채찍처럼 생겼다고?'

이 이야기 속 신하들과 마찬가지로 많은 부모들은 자신들이 보고 싶은 부분만 바라본다. 자녀는 부모가 바라봐주는 대로 자란다. 그리고 부모는 바라보고 싶은 대로 자녀를 바라본다.

오래 전 강의에서 만난 수용 어머니의 사례다. 이제 갓 중학교에 올라간 수용이 때문에 도무지 살 수가 없다고 화가 잔뜩 섞인 목소리로 말한다. 초등학교까지는 멀쩡하던 아이가 중학교에 올라가더니 180도로 달라졌다며 도무지 왜 그런지를 알 수 없어 답답하다고 하소연한다.

강의 중 '우리 아이 장점 찾기' 활동을 할 때였다. 다른 어머니들이 열심히 아이의 장점을 찾는 동안 수용 어머니는 팔짱을 낀 채 먼 산만 바라보았다. 장점은 찾으려야 찾을 수가 없다고 말했다. 다음 시간까지 아이의 장점 20개만 적어오라고 신신당부했다. 혹 적지 못 하면 수업에 오지 말라는 협박까지 얹었다.

다음 시간 수용 어머니는 수업에 참여했고, 숙제를 묻는 내 말에 주섬주섬 지갑을 꺼냈다. 반지갑의 동전 칸을 여시더니 손바닥 반도 안 되는 크기의 종이를 내밀었다. 모두 펼쳐도 손바닥보다 살짝 큰 종이에 수용의 장점 20개가 깨알같이 박혀 있었다. 그 장점을 읽어가던 나는 깜짝 놀랐다. 수용은 엄청난 장점을 갖고 있었다. 성격은 물론 운동 신경도 좋았고 악기도 세 개씩이나 다룰 줄 알며 컴퓨터 그래픽에 탁월한 재능이 있었다. 게다가 또래 관계도 좋아서 인기 만점이었다.

그러나 여전히 수용 어머니의 표정은 어두웠다. 수용이 못마땅한 이유는 딱 하나였다. 20개의 깨알 같은 장점 리스트에는 공부가 빠져 있었다. 마치 코끼리의 어느 한 단면에만 시선이 쏠린 신하들처럼 수용 어머니의 시선은 온통 공부에만 쏠려 있었다. 공부면에서 볼 때 수용은 단점투성이다. 초등학교 고학년부터 성적이 뚝뚝 떨어지더니 급기야 중학교에 올라가서는 평균에도 못 미치는 수준에 이르렀다. 수용 어머니에게 수용의 수많은 장점 따위는 눈에 들어오지 않았다. 딱 손바닥만큼 아들을 바라볼 뿐이다. 모자의 갈등이 첨예하게 대립되기 시작한 건 이때부터다. 엄마의 실망스러워하는 표정이나 눈빛은 수용의 자존감을 날마다 야금야금 갉아먹고 있었다. 수용은 자신이 '코끼리'인지조차도 헷갈린다. 자신은 그저 '채찍이나 부채'에 지나지 않는다고 서서히 믿기 시작한다.

⚜ 절대적인 기준보다 현실적인 기대로

"아이라면 당연히 공부를 잘해야만 한다."

대한민국 부모들의 대표적인 비합리적 신념이다. 여기에 한술 더 떠서 "아이라면 반드시 모든 과목을 골고루 잘해야만 한다"라는 비현실적인 기대를 슬쩍 내비친다. 국어 90점, 수학 95점, 영어 50점이라면 결코 만족이 어려운 이유가 여기에 있다.

"엄마라면 반드시 삼시 세끼 따뜻한 밥을 차려야만 한다"라는 말을 아이로부터 듣는다면 여러분은 뭐라고 할 것인가? 한술 더 떠서, "엄마라면 당연히 끼니마다 5대 영양소가 골고루 들어간 10첩 반상을 차려야만 한다"라는 말은 어떤가? 듣는 순간 뒷목을 잡을 수도 있다. 이 말을 듣자마자 우리에게 불쑥 올라오는 감정은 어쩌면 우리 아이들이 일상에서 늘 경험하는 감정일지도 모른다.

비합리적인 신념은 당위적이고 요구적인 형태로 나타나며 반드시, 꼭, 항상, 결코 등 절대적이다. 부모의 비합리적이고 비현실적인 기대는 물고기가 나무를 오르는 것처럼 불가능을 요구한다. 무엇보다 이에 따른 부정적인 피드백은 아이로 하여금 이해받지 못한다는 생각과 더불어 남에게 실망을 주는 존재라 여기도록 한다. 궁극에는 패배자라는 생각을 불러일으킨다.

관계 통장의 잔고가 바닥이라면 지금부터라도 부모는 자신의 비합리적 신념을 점검해야 한다. 합리적이고 현실적인 기대 수준으로 낮춰야 한다. should(해야 한다)가 아니라 want(하면 좋겠다)가 바람직하며, 절대적인 형태가 아니라 융통성이 있어야 한다.

예시 ①

- 우리 아이는 반드시 모든 사람들로부터 인정과 칭찬을 받아야만 한다. (X)
- 가급적이면 많은 사람들(중요한 사람들)이 우리 아이를 인정해주면 좋겠다. (O)

→ 이 경우 우리 아이가 상을 받지 못하거나, 칭찬을 받지 못하더라도 마음이 쓰이기는 하지만 거기에 집착하지는 않는다. 또한 아이가 실수를 하거나 좋은 결과를 내지 못해도 그럴 수 있다고 받아들인다.

예시 ②

- 너는 반드시 모든 과목을 다 잘해야만 한다. (X)
- 나는 네가 되도록 공부를 열심히 했으면 좋겠다. (O)

→ 이 경우 공부를 열심히 하지 않는 아이를 보면 실망은 하겠지만, 적어도 흥분하며 부들부들하지는 않는다.

☙ 아이를 보는 시야를 넓혀라

생각을 점검했다면 이제 부모의 시선을 점검해보자. 지금 우리 아이의 일부분을 바라보며 침울해하고 있지는 않은가? 미처 보지 못하는 아이의 장점이나 강점이 있지는 않은가? 안타깝게도 많은 부모들은 사춘기 즈음 되면 칭찬하기를 포기해버린다. 잔소리는 LTE나 5G급 속도인 데 비해 칭찬은 2G급 속도다. 첫 번째는 눈을 씻고 찾아봐도 칭찬거리가 없다는 이유고, 두 번째는 칭찬하기에는 도무지 쑥스럽고 어색하기 때문이다. 그러므로 의도적으로 노력해야 한다. 사춘기는 아동기에서 어른의 중간 지점 어딘가에서 '괜찮은 어른'이 되고 싶어 몸부림치는 중이다. 사실 사춘기는 부모로부터 독립하고 싶은 마음과 여전히 관심받고 싶은 마음 사이에서 갈팡질팡한다. 이들의 칭찬받고자 하는 욕구, 인정받고자 하는 욕구는 어쩌면 아동기보다 더 클 수도 있다.

사춘기를 심리적 이유식이라 부른다. 영아기 때 모유나 우유만으로 영양이 부족해지기 때문에 이유식을 시작한다. 이유離乳란 말 그대로 엄마의 모유로부터 분리되는 과정에 필요한 영양식이다. 사춘기 때도 심리적 독립과 성장을 위해 이유식이 필요하다. 때로는 담백한 칭찬 한 스푼이면 충분하다.

성숙한 어른이 되어 독립적으로 삶을 꾸려가기 위해서는 무엇보다 자신에 대한 확신이나 긍정적인 자아상이 밑받침되어야 한다. 따라서 부모는 지금부터라도 아이의 긍정적인 측면을 발굴해야만 한다. 그동안 무관심 속에 방치해두었던 보석 같은 아이의 잠재력을 캐내야 한다. 그에 앞서 우리 아이 안에는 무한한 가능성과 잠재력이 있다는 믿음과 확신이 선행되어야 한다. 하루에 한 번이라도 칭찬하겠노라 결심해보자. 칭찬거리가 없다면 만들어서라도 하자. 아이에게 뭔가 할 수 있는 기회를 주고 그 즉시 침이 마르도록 칭찬하고 지지해주면 된다. '그깟 칭찬 정도로 아이와의 관계가 좋아진다고?'라는 의심이 든다면 민아의 사례를 보자.

중학교 3학년 민아는 학교 폭력 문제로 문제를 일으키다 급기야는 무단결석을 하고 있었다. 자신을 나무라고 혼을 내는 엄마에게 폭력을 휘두르기도 하는 등 민아의 행동은 걷잡을 수 없는 지경이었다. 상담도 병행하면서 부모교육에 참여한 민아 어머니는 모든 활동에 적극적이었다. 민아와의 관계를 개선해보고자 하는 의지가 강했다. 강의 중 아이의 장점 찾기 활동이 있었고, 과제로 아이의 장점 50개를 찾아보기로 했다. 민아 어머니는 그날 이후 날마다 민아의 장점을 찾기 위해 민아를 관찰하기 시작했고, 하루하루 장점을 채워갔다.

몇 주가 지난 뒤 완성한 50개의 장점 리스트를 냉장고에 붙여두었다. 처음에는 관심도 없던 민아는 어느 날부터 조금씩 장점 리스트를 쳐다보기 시작하더니, 이젠 엉덩이를 길게 빼고 하나하나 읽어 내려가고 있었다. 그러던 민아에게 놀라운 변화가 생겼다. 깨우지도 않았는데 혼자서 일어나 등교 준비를 시작했다. 어느 날 거울 앞에 앉아서 머리를 매만지던 민아가 급작스레 엄마를 부른다. "엄마! 엄마! 혹시 그 장점 리스트에 내 입술이 도톰하고 섹시하다는 내용이 있어?" 아침을 준비하던 민아 어머니는 깜짝 놀라 부랴부랴 장점 리스트를 체크해보았다. "엇? 엄마가 빠트렸나보네." 그리고 볼펜으로 꾹꾹 눌러 적었다. '51. 입술이 도톰하니 섹시하다.' 그날 이후 어쩐 일인지 민아는 학교를 나가기 시작했고 민아와 어머니는 약속이나 한 듯이 민아의 장점을 하나둘씩 더해갔다. 6회기의 긴 과정이 끝날 무렵 민아의 장점은 74개가 되어 있었다. 어느 순간 관계 통장은 마이너스에서 플러스로 돌아선 것은 물론 두둑하니 부자가 되어 있었다.

비단 민아만의 이야기는 아니다. 앞서 수용 어머니의 장점 쪽지처럼 많은 부모들은 아주 작고 낡은 프레임으로 아이를 바라보기 쉽다. 많은 사춘기 부모들이 단지 아이의 긍정적인 측면을 바라보기 시작하면서 자녀의 문제 행동이 변화되는 과정을 많이 지켜봤다. 그 작은 프레임에는 미처 들어오지 못했던 아이의 긍정적인 측면은 부모의 시야를 키워준다. 자녀는 부모가 바라보는 대로 만들어진다. 혹시 아이의 한 단면에만 시선을 고정시켜두지는 않았는지 살펴보길 바란다.

관계 자존감을 키우는
5가지 전략

전략 1 **아이의 상황을 먼저 이해하라!**

관계의 첫출발은 정서 인식이다. 감정이 뭔지도 모르고 감정을 다루겠다는 것은 언감생심이다. 감정 조절에 앞서 자신이 느끼는 감정의 정체와 출처를 명확히 알아야 한다.

감정은 마치 자석과 같아서 일상에서 아이와 감정을 자주 나눌수록 관계는 한층 더 가까워진다. 때로 감정의 중요성을 아는 많은 부모들은 아이들에게 다짜고짜 "네 기분이 어떤데?" 또는 "네 감정은 뭐니?"라고 묻는다. 아이들은 느닷없이 기분을 물어볼 때 제일 황당하고 어이없다고 말한다. 마치 자신의 속을 캐내려고 염 탐하는 것 같은 기분이 든다는 아이도 있었다.

감정을 나누는 데도 기술이 필요한 이유다. 감정은 혼자서 움 직이지 않는다. 아무 일도 없을 때, 아무것도 하지 않을 때, 아무 런 감정도 일어나지 않는다. 반드시 사건이나 상황 그리고 생각과 함께 2인 1조로 활동한다. 예를 들어 엄마가 방문을 벌컥 여는 순 간, '아 또 시작이다'라는 생각이 들고 짜증이 적군처럼 몰려온다. 머릿속에서 미래를 생각하는 순간 불안감이 함께 따라온다거나 시험 공부를 하려고 책을 펼치는 순간 답답함에 숨이 막힌다. 이 와 같이 감정에는 여러 상황들이 들러붙어 있지만 부모들은 그중 감정만 딱 떼어내서 해결하려 든다. 마치 핵심은 따로 있는데 꼬 리만 잘라내려는 것과 같다. 사실 대부분의 사춘기 아이는 감정의 출처를 모른다. 그냥 화가 나고 슬프고 답답하다. 이럴 때 부모가 기분을 물어보면 마치 시험 문제를 푸는 것처럼 느껴진다.

'나도 모르는 내 감정을 꺼내놓으라니!'

그래서 부모가 공감의 제스처라도 취하면 기겁을 하거나 짜증 을 낸다. 이럴 때는 "네 기분이 뭐니?"가 아니라 "무슨 일이 있었 는지 말해줄래?"가 적절한 부모의 반응이다. 아이가 자신의 상황 과 생각을 제대로 이해할 수 있도록 차분하게 아이의 경험 속으로 함께 들어가야 한다. 그래서 공감은 감정을 아는 척하는 게 아니라 들어주는 시간이다. '너를 화나게 만든 구체적인 상황이 궁금해'라는 메시지가 필요하다. 상황을 구체적으로 알아야 감정을 충분히 이해할 수 있다. 아이의 이야기를 경청하면서 상황마다 어떤 마음이었을지 자연스럽게 물어볼 수 있다.

"너는 그때 어떤 마음이 들었어?"

"친구가 너한테 막무가내로 덤빌 때 너는 어떻게 하고 싶었니?"

아이의 상황 속으로 깊이 들어가지 않고서는 절대로 아이를 이해할 수 없다. 그래서 공감은 속성으로 만드는 즉석요리가 아니라 수 시간 동안 푸욱 우리는 곰국에 가깝다.

간혹 부모는 진심을 다해 들어주려고 하는데 아이가 "됐어요!"라고 말하면 서운하기 짝이 없다. 이때 "되긴 뭐가 돼? 말해보라니까!"라고 공격을 해서는 안 된다. "지금은 얘기하고 싶지 않구나. 언제든 말하고 싶으면 그때 말해줘. 너를 돕고 싶어"라는 말이면 충분하다. 이 말 한마디로도 아이에게 존중을 표현할 수 있다. 아이는 모든 상황에서 의심의 끈을 놓지 않고 부모를 시험하고 싶어진다. 우리 아이는 사춘기다. 충분히 그럴 수 있다고 여겨야 한다.

감정에 이름을 붙이는 것만으로도 감정을 처리하는 효과가 있다는 사실은 이미 여러 연구 결과를 통해서 입증되었다. 감정에 이름을 붙이면 변연계의 각성을 낮추고 전전두피질이 활성화되도록 돕는다. 그런데 실제 사춘기 아이들과 감정과 관련된 수업을 하면 대체로 감정을 말로 표현하기를 어려워한다. 감정 어휘가 풍부하지 않은 것도 문제지만, 감정을 내뱉는 게 어색하고 낯설다. 뭐든 처음은 어렵다. 자꾸만 해봐야 익숙해진다.

소통은 감정을 주고받는 일이다. 말만 가득한 대화에서는 마음이 움직이지 않는다. "아직도 숙제를 다 안 한 거야?"라는 말보다는 "숙제하는 데 힘든 점이 있니?"라는 말이 좀 더 마음을 건드린다. 마찬가지로 "게임 그만해라"보다는 "게임이 무지 재미있나보네"가 아이를 움직인다. 이처럼 감정이 담긴 말들이 오고갈 때 진심이 통한다. 문제를 해결하는 비상구는 아이 마음에 있다. 상황이 급하고 심각할수록 마음을 살펴야 하는 이유다.

소통은 스쿼시가 아니라 배드민턴에 가깝다. 우리는 결국 감정을 주고받으면서 관계를 만들어간다. 부모의 감정은 금고 속에 숨겨둔 채 자녀의 감정만을 열려고 하는 건 불공평하다. 아이의 감정에 앞서 부모 자신의 감정을 먼저 알아차리고 자연스럽게 표현해보자. 이때 자녀의 반응은 중요하지 않다. 감정은 말하는 것 자체로도 해소된다.

"오늘은 영은이가 엄마 말에 바로 대답해주니 너무 기쁘다."

"우현아 네가 엄마한테 그렇게 말하는 걸 들으니 엄마 마음이 참담해."

부모가 자신의 감정을 자녀에게 솔직하게 털어놓을 때 관계는 대등해진다. 또한 아이는 부모를 한층 더 이해한다. 나아가 부모와의 감정 소통은 또래의 감정을 이해하는 기초가 된다. 콩 심은 데 콩 나고 팥 심은 데 팥 나듯이 감정 심은 데 감정 난다. 감정 관련 교육은 학교에서 한두 시간 진행하는 화 조절 프로그램보다는 일상에서 자연스럽게 이루어지는 게 가장 효과적이다. 다만 주의할 점이 있다.

첫째, 부모가 준비된 상태에서만 자신의 감정을 표현한다. 소위 말하는 '뚜껑'이 열린 상태에서 감정을 표현하는 건 위험하다. 이는 팔팔 끓는 국물을 들이붓는 것과 같다. 부모가 이성적으로 자신의 감정을 볼 수 없다면 절대로 자녀에게 감정을 드러내서는 안 된다. 자신의 감정이 식기를 기다려야 한다. 자녀가 감당하기에도 버거울 정도로 부모의 감정을 퍼부어서도 안 된다. 배드민턴에서도 잘 던져야 잘 받을 수 있다. 상대가 잘 받아칠 수 있도록 신중하게 공을 넘겨야 하는 것처럼, 감정도 아이가 감당할 만한 수준으로 보내는 게 맞다. 아이는 부모의 '감정받이'가 아니다!

둘째, 자녀가 준비되지 않은 상태에서 감정을 드러내지는 말자. 자녀가 이성적인 상태일 때, 즉, 판단이 가능할 때 부모의 감정도 받아들이기 쉽다.

셋째, 감정을 부풀리거나 감정에 의도를 심지 말아야 한다. '이렇게 말하면 아이가 스스로 자신을 뉘우치고 행동을 고치겠지'라는 불순한(?) 의도를 지닌 채 감정을 확대하지 말아야 한다.

"네가 그런 행동을 할 때마다 엄마는 정말이지 죽고 싶어. 하늘이 노래지고 세상이 무너지는 것 같아서 1초도 숨을 쉴 수가 없어."

아이에게 죄책감을 강요하는 이런 부모의 말은 공이 아니라 수류탄과 같다. 어떤 경우든 감정이 무기가 되어서는 안 된다. 내 안에서 올라오는 감정은 내 책임이다. 이건 아이도 부모도 마찬가지다. 각자가 자신의 감정에 대해 온전히 책임질 때 관계는 매끄러워진다. 감정을 책임진다는 것은 결국 감정을 제대로 알아차리고 건강하게 표현하는 일이다.

감정은 생리적 현상에 가깝다. '억울해야지'라고 마음먹는다고 억울함이 생기지 않는다. 갑자기 배가 고프거나 쉬가 마려운 것처럼 저절로 올라오는 자연적인 현상이다. 따라서 감정은 개인이 통제하거나 조절하기가 어렵다. 그러나 생각은 다르다. 생각은 개인이 충분히 통제하고 조절하는 게 가능하다. 그래서 우리는 감정이 아니라 생각을 잡고 늘어져야 한다. 생각의 방향을 약간만 틀어도 감정은 달라진다.

복도에서 친구와 마주쳤는데 친구가 쌩하고 지나쳐버린다. 이때 '왜 날 무시하지?', '나한테 화났나?' 또는 '내가 뭐 잘못한 게 있나?' 등의 생각이 스친다. 이처럼 머릿속에서 번개처럼 떠오르는 생각을 자동적 사고라고 한다. 사춘기의 자동적 사고는 상황을 잘못 인식함으로써 감정을 더 상하게 만들기도 한다. 특히 사춘기는 인지적 유연성이 취약해서 자기 생각이 틀릴 수도 있다는 걸 잘 받아들이지 못한다. 자신의 생각은 무조건 맞고 남들은 틀렸다고 믿기 쉽다. 그래서 "야! 너 나 무시하냐?"라고 시비를 건다. "무슨 소리야? 나 그런 적 없는데?"라는 상대의 말에도 막무가내로 "발뺌하지 마, 이 자식아! 분명 날 쌩까고 지나갔잖아!"라고 흥분해서 달려든다. 이처럼 생각의 흐름이 엉뚱한 방향으로 흐르게 되면 불필요하게 화를 내거나 피해의식에 빠지기 쉽다. 이는 자존감에도 부정적인 영향을 미친다. 따라서 부모는 아이들의 생각이 잘못된 방향으로 향하지 않도록 '사건-생각-감정' 사이의 관계를 제대로 이해하고 왜곡된 판단과 전제를 줄여나가도록 도와주어야 한다.

앞서 말한 것처럼 감정은 사건이나 상황에 따라붙는다. 그러나 사건이나 상황이 바로 감정을 일으키는 것은 아니다. 사건이나 상황에 대한 나의 해석, 즉, 생각이 개입되어야 감정은 일어난다.

상황: 친구가 약속 시간에 한 시간 늦었다.

감정: 화가 나서 참을 수가 없다.

이럴 때 우리는 흔히 "너 때문에 내가 이렇게 화가 나잖아!"라고 소리친다. 그러나 과연 그럴까? 이 말이 타당하려면 모든 사람이 이 상황에서 동일한 강도의 감정을 느껴야 한다. 그러나 어떤 사람은 "그게 왜? 늦을 수도 있지"라고 말한다. 즉, 상황이 아니라 상황에 대한 해석이 감정을 불러일으킨다.

해석 1. 얘가 날 무시한다 ➡ 화, 불쾌

해석 2. 이럴 애가 아닌데, 안 좋은 일이 생긴 걸까? ➡ 걱정, 불안

부모는 아이가 상황이나 사건을 어떻게 바라보고 있는지를 먼저 살펴야 한다. 또한 그 생각이 어떤 정서적 결과를 불러오는지를 알아차리도록 돕는다. 불쾌한 감정을 불러일으키는 생각에는 대체로 자신이나 타인 또는 세상에 대한 비합리적이고 비현실적인 기대가 많다. '가치 있는 사람이 되려면 항상 유능하고 완벽해야만 한다'라든가 '약속을 어기는 건 있을 수 없는 일이야. 반드시 벌을 받아야만 해'가 이런 생각들에 해당된다. 이런 생각들이 우리를 화나게 하고 상처 입게 만든다. 그래서 부모는 아이의 생각을 먼저 점검해보아야 한다.

"기분이 굉장히 안 좋아 보이는데, 무슨 일이 있었니?"

"동우 그 자식이 약속 장소에 한 시간이 지나도록 안 나왔어요. 나쁜 자식."

"그랬구나. 그래서 이렇게 화가 났구나. 동우와 통화는 해봤니?"

"아뇨. 통화도 안 되고 해서 그냥 와버렸어요."

"통화도 안 되었다니, 동우한테 무슨 일이 생긴 건 아닐까?"

"설마요!"

"넌 어떤 생각을 했는데?"

"그 자식이 날 무시하는 거잖아요."

"동우가 너를 무시한다고 생각한 이유가 있을까?"

"약속을 했는데 한 시간이 넘도록 안 나왔잖아요."

"그래, 약속 시간을 지키지 않은 건 잘못이지. 그런데 약속에 나오지 못한 이유가 있지도 않을까? 혹시 동우가 평소에도 너를 무시하는 행동을 많이 했었니?"

"그건 아닌데…."

"그럼 달리 생각해볼 수는 없을까? 동우에게 피치 못한 사정이 생겼을 수도 있잖아."

생각의 근거나 뿌리를 찾아보고 그 생각이 정말 타당한지를 따져본다. 혹시 아이가 미처 보지 못한 부분은 없는지, 잘못 생각하는 부분은 없는지 등을 자극해준다.

감정을 담당하는 뇌와 생각을 담당하는 뇌 사이를 연결해주는 중요한 영역이 있다. 라틴어로 벨트나 띠라는 의미의 대상회 Cingulate Gyrus가 그것이다. 대상회는 거칠고 충동적인 감정에 압도되지 않도록 감정에 이성적인 사고를 더하는 기능을 한다. 대상회에 문제가 생길 때 감정조절이 어려우며 우울이나 불안을 야기한다. 사춘기 아이들이 잘못된 해석을 하고 충동적이고 공격적인 반응을 보이는 것도 이 기능이 제대로 작동되지 않기 때문이다. 대상회를 활성화시키는 것은 다름 아닌 '생각해보기' 연습이다. 이는 행동하기 전에 멈출 수 있도록 돕는다. 감정적 자극에 충동적으로 반응하는 대신 아주 잠깐 멈출 수 있는 능력이 절대적으로 필요한 때가 바로 사춘기다. 어떤 상황이 벌어졌을 때 그 상황의 앞뒤 맥락이나 전반적인 배경 등을 고려해보는 건 관계에서 필수적이다.

전략 ④ 열린 마음으로 받아들여라!

사춘기 아이들이 가장 많이 빠지는 함정이 바로 '내로남불'이다. 내가 하는 건 다 옳고 상대방이 하는 건 다 틀렸다고 생각한다. 이때 아이에게 지극히 논리적이고 분석적으로 접근하면 아이는 흥분한다. "멍청하기는! 네가 어려서 잘 모르나본데, 네 생각은 틀렸어. 논리적으로 생각해봐"라는 말은 아이더러 싸우자고 도전장을 내미는 것과 같다. 부드럽고 차분하게 아이를 설득하는 것도 마찬가지다. 사춘기 아이에게 자신의 생각이 맞고 틀리고는 그다지 중요하지 않다. 그저 공격받는다고 느끼고 어떻게 해서든 방어를 한다.

"그건 엄마 생각이구요. 난 엄마가 아니라구요!!"

사춘기를 변화시키는 건 옳은 말이 아니라 부모의 공감 한 마디다. 부모가 온전히 자신의 편이 되어 존중하고 경청해줄 때 자녀의 마음은 움직인다. 마음이 움직이지 않은 상태에서의 변화는 어렵다. 사춘기 아이들에게 약이 되는 말은 바로 '그럴 수도 있지'이다. 아이들의 생각과 감정이 옳다고 인정해주자. 누구나 자유롭게 생각하고 느낄 수 있다. 설령 생각이 잘못되었다고 하더라도, 감정이 지나치다 해도 비난을 받으면 자존감에 상처를 받는다. 존재에 대한 비난이라 여기고 수치심으로 빠져든다.

세상에 '생각하지 않기'와 '느끼지 않기'라는 교육은 어디에도 없다. 생각과 감정을 차단하거나 억압하면 아이는 아이답지 못하게 자란다. 뿐만 아니라 처리되지 못한 감정이나 생각으로 가득 차 있는 아이는 제 기능을 다할 수가 없다. 발을 들이지도 못할 정도로 방안이 온갖 잡동사니로 꽉 차 있으면 방의 기능을 상실하는 것과 같다. 사춘기는 무엇이든 생각하고 느낄 수 있지만, 그 생각과 감정을 어떻게 처리하고 변화시켜야 하는지를 배워야 한다. 그러려면 우선적으로 그들의 생각과 감정이 있는 그대로 존중되어야 한다.

"너는 그렇게 생각하는구나. 그럴 수도 있지. 아빠도 너만 한 나이 때는 그런 고민을 했었지."

생각과 감정을 존중받을 때 비로소 부모에게도 마음을 연다. 자신의 어떤 생각이나 감정도 수용해줄 거라는 믿음이 있어야 위기 상황에서 부모를 가장 먼저 찾게 된다.

전략 5 어떻게 행동해야 하는지 확실히 알려줘라!

생각과 감정이 타당하다고 해서 행동까지 동의하는 건 아니다. '착각은 자유'라는 말처럼 무엇을 생각하든 그건 개인의 자유다. 감정도 마찬가지다. 무엇을 느끼든 그건 개인 안에서 올라오는 지극히 사적인 영역이다. 우리 모두는 어떤 생각이든 할 수 있고 어떤 감정이든 느껴도 된다. 다만 생각과 감정대로 행동해서는 안 된다. 선생님의 말이 불합리하다는 생각에 화가 치밀어 오른다면 충분히 그럴 수 있다. 그러나 그렇다고 해서 선생님에게 욕을 퍼붓거나 교실 밖으로 뛰쳐나가는 건 용납되지 않는다.

행동은 사적인 영역에 한정되는 게 아니라 관계 속에서 일어난다. 행동이 자유가 될 수 없는 이유는 나의 행동이 상대방에게 미치는 영향 때문이다. 행동에는 책임이 따른다. 따라서 행동에 앞서 충분한 판단과 올바른 선택이 따라야 한다. 즉, 자신의 생각이 항상 옳은 것은 아니라는 사실을 가르쳐야 한다. 그래서 "네 생각이 맞다"가 아니라 "그렇게 생각할 수도 있지"이다.

감정도 마찬가지다. "누구라도 그 상황에서는 흥분할 수 있지"라고 감정의 타당성은 알아준다. 감정을 느끼는 것은 자연스러운 반응이다. 하지만 "흥분한다고 해서 네 마음대로 아무렇게나 행동해도 된다는 것은 아니야"라는 걸 명확하게 가르쳐야 한다. 사춘기는 생각과 감정을 행동과 분리하는 법을 배워야 한다. 생각과 감정을 행동으로 드러내는 데는 분명한 책임이 따른다는 사실을 알아야 하며, 언제나 신중한 선택이 필요하다는 걸 깨달아야 한다. 그러나 아무리 좋은 말이라도 관계가 열려 있지 않으면 통하지 않는다. 따라서 어떤 경우라도 아이의 생각이나 감정을 존중하는 게 먼저다.

아이의 마음을 헤아려본 뒤
이유를 찾아보세요

Q1

소문이 안 좋은 불량스러운 아이와 함께 다니는 아이가 늘 불안하고 걱정되는데요. 이런 친구 관계, 그냥 두고 봐도 되는 건가요?

A1

강의에서 많은 부모들은 사춘기 자녀의 친구 관계에 불만을 토로합니다. 부모가 보기에 좋지 않은 친구와 함께 어울려 다니는 걸 보면 불안하고 걱정되는 게 당연하지요. 그러나 이런 태도는 사춘기 자녀를 여전히 품 안의 어린 아기처럼 취급하는 것과 다를 바 없습니다. 사춘기가 되면 이제 친구 관계는 아이의 자유

의지에 달렸습니다. 친구 관계에 있어서 부모가 개입할 수 있는 때는 초등학교 저학년까지입니다. 만약 "엄마는 그 친구 참 마음에 안 들어. 그러니까 만나지 마!"라는 말을 하게 되면 아이는 부모의 말에 귀를 막습니다. 사춘기는 부모보다 또래가 훨씬 더 중요해지는 시기입니다. 부모가 만나지 말라고 하면 오히려 더 애틋해지는 게 사춘기들의 특성이지요. 부모가 친한 친구를 흉보거나 비난하게 되면 자녀는 자신을 비난하는 것이라 여기게 되어 자존감에 치명적인 영향을 받게 됩니다.

우리 아이에게 그 친구가 중요하다면 중요한 이유가 분명히 있습니다. 유독 그 친구를 좋아하고 함께 하고 싶어 하는 이유를 궁금해하고 물어야 합니다. 유유상종이라는 말이 있지요. 친구는 나의 감정 수준과 심리 수준을 보여주는 바로미터입니다. 아이의 친구 관계는 아이를 이해할 수 있는 열쇠가 됩니다. 지금 우리 아이가 만나는 친구는 아이의 마음에 크게 자리 잡은 관심사를 반영하는 거지요. 예를 들어 잘 노는 아이, 공부하는 아이, 운동하는 아이 또는 말썽을 일으키는 아이 등 아이마다 친하게 지내는 친구들의 특성이 있습니다. 따라서 친구는 지금 우리 아이에게 필요한 게 무엇인지를 말해주는 중요한 실마리가 됩니다. 그러므로 부모는 아이의 친구 관계를 간섭할 게 아니라 친구에 대해서 궁금해하고 소통을 통해 알아가려고 노력해야 합니다. 우리 아이가 누구를 만나는가가 아니라 만나서 무엇을 하는지에 대해 관심을 기울여야 합니다.

"그 친구와 함께 있을 때는 어떤 점이 좋니?"

"다른 친구와는 다른 그 친구만의 매력은 뭘까?"

"그 친구와는 주로 뭘 하며 시간을 보내?"

그러나 혹시라도 자녀가 친구 관계에서 예기치 못한 문제를 겪고 있다면 언제든 부모는 직접적으로 아이에게 도움을 줄 수 있어야 합니다. 또한 자녀가 심리적으로 위축되어 있다면 반드시 자녀의 친구 관계부터 면밀히 점검해봐야 합니다.

중학교 2학년 아들입니다. 현재 담임 선생님과 사이가 좋지 않아 학교 가기 싫다며, 급기야 전학을 보내달라고 떼를 씁니다.

A2

전학을 생각할 정도라면 아마도 갈등의 골이 굉장히 깊은 듯합니다. 그렇다고 무턱대고 전학을 보내는 것도 쉽지 않지요.

사춘기 때 담임 선생님과의 관계는 아주 중요합니다. 교사는 아이에게 지대한 영향을 미치지요. 부모의 한 마디보다 더 권위 있게 다가오는 게 교사의 말이지요. 교사의 인정과 피드백은 아이의 자존감에 큰 영향을 미칩니다. 그들의 말과 시선 등으로 아이들의 서열이 정해지기도 하지요. 수업 중에 교사가 엄지손가락을 추켜세워 주면 그 아이는 순간 영웅이 되기도 합니다. 반대로 교사가 무심결에 던진 말이나 태도로 인해 심한 굴욕감을 겪기도 합니다. 간혹 뉴스나 신문 등에서 교사의 말이나 행동으로 상처받아 극단적인 선택을 하는 아이들을 봅니다. 아무래도 함께하는 시간이 제한적이다 보니 서로 간에 오해가 생기기도 하지요. 이처럼 교사의 말은 자존감을 키워주기도 하지만, 때로는 평생을 가는 트라우마가 되기도 합니다.

부모는 싸우든 화해하든 일대일의 관계가 성립되지만, 교사와의 관계는 다릅니다. 교사 한 명당 수십 명의 아이와 관계를 맺다 보니 갈등이 많을 수밖에 없습니다. 더군다나 입시 위주의 교육 풍토와 과밀 학급 상황에서 이루어지는 획일적인 교육 방식은 교사와 학생 간에 갈등을 부추기는 원인이 되기도 합니다. 무엇보다 사춘기는 그 어느 때보다도 통제와 구속을 싫어하기 때문에 교사의 통제나 억압 또는 학교에서 지켜야 하는 각종 규칙이나 규범 등에 거부감을 갖습니다. 실제 초등학교 고학년만 되어도 교사들은 아이들을 다루기 어렵다는 하소연을 많이 하지요. 다수의 아이들을 통제하기를 원하는 교사와 스스로 어른이라 여기며 좀 더 자율권을 보장받기를 원하는 아이들 간의 팽팽한 갈등이라고 볼 수 있습니다.

아이가 교사와 갈등이 깊을 때 부모는 난감하고 답답하지요. 부모가 통제할 수 있는 부분이 아닐뿐더러 팔을 걷어붙이고 개입하기도 곤란합니다. 그렇다고 강 건너 불구경하듯이 물러나 있을 수도 없지요. 일단 이럴 때는 아이의 이야기를 충분히 듣고 또한 주변 사람들의 이야기도 모아본 다음 상황을 객관적으로 파악해야 합니다. 때에 따라 교사와도 상담이 필요합니다. 우리 아이가 어떤 부분에서 상처를 받았는지를 전달하고, 담임 선생님의 입장을 들어보는 것도 필요합니다. 갈등이 아주 심각하다면 그에 맞는 조치가 필요할 수 있습니다. 상황에 따라 반을 교체해달라고 요청을 해보거나 아이가 원하는 대로 전학도 고민해봐야 합니다. 그러나 제가 그동안 만난 아이들의 경우 부모와 충분히 소통하면 대체로 문제가 해결되었습니다.

관계에는 세 개의 축이 있습니다. 부모, 교사, 그리고 또래입니다. 이 중 어느 하나라도 건강하고 단단하게 구축이 되면 크게 문제가 없습니다. 다시 말해 교사와는 갈등이 심해도 친구들과 관계가 원만하고 좋으면 견딜 만한 수준이 됩니다. 마찬가지로 학교에서 또래 관계 때문에 스트레스를 받더라도 가정에서 부모로부터 위로와 지지를 받는다면 어느 정도 회복되기도 합니다. 그러나 이 세 축 모두가 흔들리면 위험해집니다. 이 중 우리가 통제 가능한 영역은 바로 부모 자녀 관계입니다. 실제 연구에서도 청소년의 삶의 질에는 어떤 다른 환경보다도 가정 환경의 영향이 제일 큰 것으로 나타났습니다. 참고로 담임 선생님은 부모와 유사한 속성을 가지고 있어서 부모 자녀 관계가 긍정적일수록 교사와의 관계도 긍정적일 가능성이 큽니다. 따라서 부모라면 언제라도 자녀의 편이 되어 든든한 보호막이 되어주어야 합니다. 때로 부모가 학교 생활에 관심을 보이고 담임 선생님과 긍정적인 관계를 유지하는 것만으로도 자녀에게 좋은 영향을 미치기도 합니다.

Q3

초등학교 6학년 딸을 둔 엄마입니다. 아이가 작년부터 아이돌 그룹을 좋아하더니 공부는 제대로 안 하고 덕질하느라 정신이 없습니다. 가만히 보니 용돈의 대부분을 굿즈와 음반을 사는 데 사용하고, 심지어는 팬미팅에도 다닐 정도입니다. 이대로 둬도 괜찮을까요?

A3

사춘기 때 정체감을 형성하는 과정에서 심리사회적 위기를 제대로 극복하지 못하면 혼란을 겪습니다. 이런 혼란은 때로 아이로 하여금 연예인 등과 자신을 지나치게 동일시하도록 만듭니다. 연예인의 성공과 인기, 행복한 모습은 동경할 수밖에 없는 이상적인 존재로 보이기 때문이지요. 어렵고 힘든 현실과는 동떨어진 연예인들을 보며 자신이 할 수 없거나 간절히 하고 싶은 것을 대리만족하는 경우라고 볼 수 있습니다. 아이돌은 아이들의 정체성의 한 단면이기도 합니다. 학교에서도 덕질하는 그룹에 따라서 편이 나뉘고 그들만의 문화가 형성되기도 하지요. '우리 오빠들'을 흉본다는 이유로 싸움을 불사하고 절교를 선언하기도 합니다.

때로는 부모와의 관계나 학업 또는 또래 관계 등에서 스트레스가 심할 때 연예인에게 빠지기도 합니다. 특히 자존감이 지나치게 낮거나 정서적으로 지지를 받지 못하는 환경에서 연예인은 현실을 잊게 해주는 구세주와 같지요. 그래서 무엇보다 부모 자녀 관계와 또래 관계에서 문제가 없는지를 먼저 살펴보아야 합니다. 마찬가지로 학업과 학교 생활로 인한 어려움은 없는지도 들여다봐야겠지요.

사춘기 때 연예인에게 빠지는 것은 괜찮습니다. 다만 덕질의 정도를 조절하는 것이 필요하겠지요. 뭐든 지나치게 집착하면 문제가 됩니다. 무작정 아이를 비난하거나 한심하다고 보지 말고 아이가 좋아하는 연예인에 대해서 함께 알아보세요. 물에 빠진 사람을 구하려면 물로 뛰어들어야 합니다. 아이돌 그룹에게 푹 빠진 아이를 건져내려면 아이돌 세계로 들어가봐야 합니다. 아이와 관심사를 함께 나누는 것만큼 아이와 가까워질 기회는 없습니다. 엄마도 아이돌 그룹에게 관심을 가지다 보면 아이가 빠져들 수밖에 없는 이유를 찾을 수 있습니다. 아이마냥 죽어라 좋아할 수는 없겠지만, 적어도 음악을 함께 들어볼 수는 있겠지요. 아니면 유튜브에서 춤을 찾아볼 수도 있습니다. '함께'할 때 문제점이 무엇인지, 중독 요소가 무엇인지 그래서 어떻게 도와줄 수 있는지 해답도 알 수 있습니다.

돌아보면 부모도 사춘기 시절 좋아하던 연예인 한두 명 정도는 있었겠지요. 이런 이야기도 함께 나누면 아이는 엄마와 좀 더 친밀감을 느끼게 됩니다. 생일 선물로 음반을 사주고 무심하게 아이돌 굿즈를 하나 사주면 그것만큼 아이에게 기쁜 일은 없지요. 때로는 필요한 게 무엇인지 물어보고 사주는 것도 좋습니다. 이런 부모의 노력을 통해 자녀와의 관계를 좀 더 친밀하게 만들게 되면 자녀는 부모의 말에 귀를 기울입니다.

아이가 좋아하는 연예인을 '공공의 적'으로 만드는 대신, 우리 아이를 '내 편'으로 만드는 게 가장 빠른 지름길입니다. 내 편이라야 부모의 조언에도 진심으로 귀를 기울입니다. 내가 좋아하는 '우리 오빠들'을 비난하거나 욕을 하면 그게 부모라도 용서할 수가 없다는 걸 잊지 마세요.

Q4

우연히 중학교 3학년 딸의 손목에 못 보던 스카프가 묶여 있는 걸 보았어요. 순간 이상한 느낌이 들어서 손목을 잡아채서 봤더니 칼로 여러 번 그은 흔적이 있더라구요. 왜 그랬냐고 했더니 아무것도 아니라고 오히려 화를 내며 소리를 지릅니다. 이런 때는 어떻게 해야 하나요?

A4

자해를 하는 청소년이 점점 늘어나고 있다는 연구 결과가 있습니다. 자해 행동에는 손목을 긋는 것뿐 아니라 자신의 머리를 때리거나 벽에 부딪치거나 주먹으로 물건을 마구 치거나 자신의 머리카락이나 눈썹을 뽑는 등 다양하게 나타납니다.

자해가 자살로 이어지는 경우도 있지만, 때로는 비자살성 자해^{Non Sucidal Self-injury:}

NSSI도 있습니다. 자살을 할 의도는 아니지만 자신의 몸에 고통을 가하는 것이지요. 연구에 따르면 정서 조절, 학업 스트레스, 우울 등의 심리적 문제와 학교 폭력 또는 왕따의 희생자가 될 경우 자살이나 자해 행동의 위험이 높아집니다. 또래뿐 아니라 부모와 갈등을 겪는 경우 자해 행동으로 이어지기도 하는데요. 특히 부모가 지나치게 권위적이고 강압적인 경우가 그렇습니다. 스스로 갈등을 적절히 해결하지 못할 때 자해라는 부적응적인 행동을 통해 긴장과 갈등을 방출하는 것이지요.

자해 행동을 하는 아이들에게 왜 자해를 하냐고 물어보면 '자해를 하고 나면 기분이 한결 나아져서'라고 말합니다. 몸의 상처가 훨씬 더 아프니까 심리적인 고통은 뒷전으로 밀리는 겁니다. 그래서 마음이 아플 때 아이들은 자신의 몸에 상처를 내게 되지요. 때로는 주변 사람들의 관심이나 돌봄을 유도하기 위해서 자해 행동을 하기도 합니다.

자녀의 자해 행동을 알았을 때는 가장 먼저 우리 아이를 힘들게 하는 요인이 무엇인지를 살펴봐야 합니다. 손목에 난 상처보다 마음 안에 깊이 파인 상처를 먼저 보셔야 합니다. 아이가 자신의 심리적·정서적 고통을 허심탄회하게 털어놓을 수 있도록 도와주세요. 자해말고 다른 방법으로 스트레스를 관리하고 기분을 풀 수 있도록 도와주는 게 필요합니다. 참고로 자해 행동은 반복적이고 지속적인 특성이 있습니다. 경우에 따라 심리 치료가 필요할 수 있습니다.

4장

공부 자존감,
삶의 방향을 스스로 정한다

공부가
최우선이 되어버리다

"일단 지금은 공부를 해. 지금은 공부를 할 때야. 그리고 좋은 대학을 들어가면 그때는 네가 하고 싶은 걸 마음껏 하려무나."

어느 어머니가 딸에게 공부를 강요하면서 늘 하던 말이다. 이 딸은 시키는 대로 죽을힘을 다해 공부를 했다. 그리고 부모가 원하던 대학에 입학했다. 그 뒤는? 안타깝게도 대학교 합격 소식을 들은 이후 아이는 스스로 생을 마감했다. 아이가 정말 하고 싶었던 것은 '고단한 세상을 등지는 일'이었다.

우리나라의 많은 부모들은 사춘기 아이가 겪는 내면의 위기를 대학 입시 뒤로 미루도록 강요한다. 아이들은 대학 입시에 필요한 학업 외에 다른 모든 욕구, 갈등이나 감정적 문제들을 철저히 외면하고 억누른다. 이처럼 유예된 갈등은 그 덩치를 키워 20대가 되어 갑자기 터지기도 한다.

︾ 우리나라 아이들의 공부 현주소

고등학교 1학년 혜지는 자신도 의식하지 못하는 사이 머리카락을 반복적으로 뽑는다. 중학교 때부터 시작된 이 증상은 도무지 나아질 기미가 없고 이제는 머리가 듬성듬성 비어 있어 이대로 두다가는 대머리가 걱정될 정도다. 혜지처럼 자신의 머리카락이나 심지어 눈썹을 반복적으로 뽑는 발모광(모발 뽑기 장애)은 청소년과 성인의 1년 유병률이 1~2퍼센트가량 된다. 머리카락을 뽑는 행위를 통해 일시적으로 안도하거나 긴장을 이완한다. 심적으로 불안이나 두려움이 심할 경우, 극도의 스트레스 상태일 때 자신도 모르게 손이 간다.

혜지는 어릴 때부터 춤추는 일에 관심이 많았다. 대학 전공도 예체능을 하고 싶었다. 그러나 예체능 전공에 회의적인 혜지 아버지는 이런 혜지의 뜻을 묵살하고 무조건 공부를 해서 대학을 가라고 강요하고 있다. 공부에는 별 관심이 없고 의욕도 없는 혜지는 아버지와 날마다 전쟁을 치른다. 그러나 혜지의 간절한 꿈은 늘 아버지의 완고하고 엄격한 기준 앞에서 와르르 무너진다. 혜지는 지금 전혀 행복하지 않다고 말한다. 자기 뜻대로 할 수 있는 게 단 하나도 없는 삶이 자신에게 무슨 의미가 있는지 되묻는다.

부모와 사춘기 자녀의 갈등 이면에는 거의 언제나 '공부'가 자리 잡고 있다. 초등학교 저학년까지는 알콩달콩 관계가 좋았다가도 입시 공부가 개입되는 순간 서서히 금이 간다.

부모의 무조건적인 사랑의 유효 기간은 딱 사춘기 전까지다. 아이의 책장이 넘어가지 않으면 부모의 사랑도 더 이상 진도가 나가지 않는다. 그야말로 '공생공사'다. 공부에 살고 공부에 죽는 시기가 바로 사춘기다. 사춘기의 정점에서 아이들은 공부와 정면으로 맞닥뜨린다.

OECD 국가에서 3년마다 만 15세 학생들을 대상으로 치러지는 국제학업성취도 평가Program for International Student Assessment, PISA에서 우리나라 학생들의 수준은 수년째 최상위권을 유지하고 있다. 그러나 이는 이 연령에 해당되는 우리나라 아이들의 공부 시간이 상대적으로 많기 때문이라는 것을 누구나 알고 있다. 머리에 쥐가 나도록 공부한 결과라는 말이다. 그래서 PISA 순위는 남부럽지 않지만 학업에 대한 흥미도나 자신감, 나아가 공부에 대한 만족도는 최하위권을 벗어나지 못한다. 이게 우리나라 학생들의 현주소다.

우리나라 대입 진학률은 다른 나라에 비해 매우 높다. 영국, 미국, 호주, 유럽 국가는 취업하는 데 있어서 대학 진학 여부가 중요하지 않다. 그들의 진학률은 40퍼센트도 안 되는 반면에 우리나라는 80퍼센트를 육박한다. 너도나도 일단 대학은 들어가야 한다. 게다가 대학이 서열화되어 있어서 치열한 경쟁으로 청소년들을 압박한다.

사정이 이렇다 보니 사춘기가 되면 아이들도 마음가짐이 달라진다. 통계청 조사(2012~2014)에 따르면 청소년의 스트레스 요인 1위가 바로 성적이나 적성 등 학업이다. '시험이 당장 코앞인데, 내가 지금 이럴 때가 아니지'라고 생각하며 공부 외에는 아무것도 고민하려고 하지 않는다. 모든 갈등은 입시 다음으로 미뤄둔다. 그렇게 성적에 맞춰서 대학을 결정하고 전공을 선택한다. 그러나 어쩐 일인지 공부에 들이는 시간과 공이 엄청나게 무시무시할수록 사춘기에게 공부란 '가까이 하기엔 너무 먼 당신'이 되어간다.

때로 우리는 부모의 교육열을 탓한다. 사실 대한민국 부모들의 교육열은 어제 오늘의 일이 아니라 오랜 역사적 산물이다. 동족상잔의 비극으로 폐허가 된 나라를 단지 몇십 년 안에 세계경제대국으로 우뚝 세운 데는 교육이 그 역할을 다했다. 인적자원 빼고는 뭐하나 크게 내세울 게 없다 보니 죽으나 사나 교육에 매달릴 수밖에 없었다. 그러므로 교육열에 있어서만큼은 어느 누구의 잘못이라 볼 수는 없다.

⚘ 행복을 좀먹는 부모들의 공부 공식

1 더하기 1은 2라는 공식만큼이나 확고한 공식이 있다. 바로 공부와 관련해서 많은 부모들이 갖고 있는 공식이다. 10년 넘게 부모들을 만나면서 이 공부 공식이 얼마나 단단하게 뿌리를 내리고 있는지를 실감한다.

공부 ➡ 좋은 학교 ➡ 좋은 직장 ➡ 행복

많은 부모가 아이의 공부에 목을 매는 이유는 간단하다. 좋은 학교를 졸업해서 번듯한 직장을 들어가기를 바라기 때문이다. 그래야 아이가 행복하다고 믿는다. 그러나 공부를 하는 이 순간이 행복하지 않다면? 아직 오지도 않은 또는 올지 안 올지도 모를 미래의 행복을 위해서 지금 이 순간의 행복을 담보 잡힌 채 끊임없이 불안하다. 행복을 연습해본 적이 없기 때문에 행복하게 사는 법을 전혀 모른다. 우리는 경험하지 않은 것을 알 수 없다. 우리 아이가 정말 행복하게 살기를 바란다면 행복하게 사는 법을 가르치는 일이 먼저다. 그렇다고 "그래, 인생 뭐 있니? 네가 하고 싶은 대로 마음대로 하려무나"라고 아이를 방치할 수도 없는 노릇이다. 사람이 사회에 적응하며 살아가기 위해서는 반드시 지적인 성장이 요구되기 때문이다. 그렇다면 이제는 '공부만 잘하는 아이'가 아니라 '행복하게 공부하는 아이'가 되어야 한다. 공부하는 과정 자체가 행복해야 한다.

목적의식을
설정하는 시기

여러분은 중학교 2학년 수학 1단원이 어떤 내용인지 기억하는가? 중학교 때 배운 수학 공식을 모두 기억할 수 있는 사람이 몇 명이나 될까? 수학 공식은 물거품처럼 이내 사라지지만 공부를 잘하는 사람이었는지, 또는 학교생활이 즐거웠는지 등 공부와 결부된 경험은 선명하게 남는다. 공부에 쏟아부었던 투지나 끈기, 하면 할 수 있다는 자신감 등은 공부 자존감으로부터 나온다.

🌿 공부 자존감이란?

앞서 자존감에는 2가지 의미가 있다고 했다. 공부 자존감은 아이가 공부의 주체가 된다는 뜻을 담고 있다. 자발적으로 공부를 하며, 자신의 노력 여하에 따라 결과를 낼 수 있다고 확신한다면 공부 자존감은 높다. 즉, 누가 시켜서가 아니라 스스로 목적의식을 가지고 노력할 때 공부 자존감은 높아진다.

공부를 잘한다고 해서 공부 자존감이 높다고 볼 수는 없다. 그러나 공부 자존감이 높으면 공부를 잘할 확률이 높다. 잠재력과 잠재력을 발휘하는 것은 다르다. 아무리 공부머리가 좋아도 환경적인 제반 조건이 받쳐주지 않으면 무용지물이다. 누군가 "자존감이 밥 먹여주냐"라고 묻는다면 대답은 '아니오'다. 자존감이 직접적으로 음식을 주지는 않는다. 그러나 적어도 음식을 해결할 만한 방법을 찾도록 안내하며 스스로 움직이도록 한다. 마찬가지다. 공부 자존감이 지식이나 기술에 대한 욕구를 직접적으로 채워주지는 않는다. 그러나 적어도 공부를 해야겠다는 생각과 함께 책을 펼치도록 하는 건 다름 아닌 공부 자존감이다.

🌾 공부의 주체로 만들다

"공부 대체 왜 해야 하는 거예요?"

학부모가 되면 언제든 한 번쯤은 자녀로부터 받는 질문이다. 여러분은 이 질문에 대한 답을 갖고 있는가? 아이들의 입장에서는 왜 해야 하는지도 모른 채 그저 하려니 힘들고 고단하다.

그렇다면 공부는 대체 왜 해야 하는 걸까? 먼저 학습의 뜻부터 살펴보자. 학습學習의 어원은 몇 가지가 있다. 그중 학學이라는 글자는 아이가 대문 앞에 서 있는 모습을 형상화한 것이고 습習은 새가 둥지를 나서기 위해서 날갯짓하는 모습을 형상화한 것이라는 학설이 가장 그럴싸하다. 집에서 바깥세상으로 나가려고 하는 아이에게 꼭 필요한 것이 바로 학습이다. 아기 새는 평생 동안 둥지 안에서 어미 새가 날라다주는 먹이에만 의존해서 살 수는 없다. 이제 어느 정도 자라면 아기 새 스스로 먹이를 찾아 날아야 한다. 이 과정에서 날갯짓에 대한 근본적인 원리를 배워야 한다.

그러나 이론과 원리만을 백날 배워봤자 소용이 없다. 자신의 날개를 퍼덕거리며 날아보지 않는 한 둥지로부터의 독립은 어렵다. 날갯짓에 관한 원리를 배우는 과정이 학學이라면, 스스로 수백 번에 걸쳐 날갯짓을 하는 과정이 습習이다. 학 지식은 이론이나 개념, 원리 등을 배우는 과정으로 학교나 학원 등에서 이루어진다.

반면에 습 지식은 배운 이론이나 원리 등을 응용하고 적용하는 과정으로 주로 가정에서 이루어진다. 참고로 자기 주도 학습은 학과 습이 균형적으로 이루어지는 학습 과정을 의미한다. 안타깝게도 아이들은 학 지식만 머리 가득 채워가면서 공부에서 '학'을 뗀다. 배운 지식을 꼭꼭 씹어서 소화하는 과정이 생략되다 보니 대체 왜 공부를 해야 하는지도 모호해진다.

학습이라는 어원에서도 알 수 있듯이 우리가 공부를 하는 이유는 잘 살기 위해서다. 세상살이를 잘하기 위해서 거쳐야 하는 게 바로 학습의 과정이다. 지금은 한국어 표기에서 쓰이지 않는 반시옷ㅿ은 이후 여러 과정을 거쳐 ㅇ과 ㅅ으로 변형이 되었다고 한다. 억측이 있기는 하지만 앎과 삶의 뿌리는 같다는 의미다. 다시 말해 아는 만큼 살아간다고 볼 수 있다. 잘 살아간다는 것은 결국 알아가는 과정이고 이는 학습으로 귀결된다. 알아가는 과정 자체가 삶이 되어야 한다. 앎은 곧 삶이다. 배우는 것과 살아가는 것이 서로 연결이 될 때 공부는 흥미롭고 진지해진다. 쓸데없는 죽은 지식이 아니라 살아 숨 쉬는 생생한 지식이 필요하다.

그러나 안타깝게도 아이들은 공부 때문에 못 살겠다고 아우성이다. 공부는 아이와 부모의 숨통을 조인다. 어디서부터 잘못된 것일까? 세계적인 미래학자 엘빈 토플러Alvin Toffler는 "내일의 문맹은 읽지 못하는 사람이 아니라 배우는 방법을 배우지 못한 사람일 것이다"라고 했다. 일방적으로 주어지는 정보를 무비판적으로 받아들이기만 한다면 비판적 사고력이나 창의성을 기를 수 없다. 답이 있고 그 답을 외우도록만 한다면 미래 인재를 키울 수 없다. 지금 우리 아이가 밤새가면서 집어넣는 지식이나 정보들은 클릭 한 번이면 언제 어디서든 누구나 접할 수 있는 것들이다. 이제는 답에 이르는 과정을 가르쳐야 한다. 이 세상에는 다양한 답이 있으며, 그중 자신에게 알맞은 답을 찾는 것이 중요하다.

앞으로의 사회는 문제 해결 능력뿐 아니라 문제 발견 능력을 갖춘 인재를 요구한다. 문제를 해결하려면 여러 다양한 영역을 아울러 고찰하는 과정이 필요하다. 또한 문제를 발견하기 위해서는 통찰이 절대적으로 필요하다. 다른 사람이 보지 못하는 이면을 보는 눈을 길러야 한다. 따라서 미래 인재를 키우기 위해서는 공부 방법도 달라져야 한다.

교육이라는 뜻의 educate의 어원을 살펴보면 '안으로부터 끌어내는 것'을 의미한다. 외부에서 지식과 정보를 집어넣는 방식이 아니라 아이 안의 생각이나 가치를 끌어낼 수 있도록 돕는 과정이 바로 교육이다. 마중물처럼 지식을 활용해 새로운 생각을 끄집어낼 수 있어야 한다. 외부로부터 홍수처럼 쏟아지는 정보를 무분별하게 수용하는 게 아니라 그 정보를 내 식으로 소화해내면서 자신만의 가치를 만들어가는 과정이 바로 공부가 되어야 한다.

부모는 아이가 자신의 가능성과 능력을 발현할 수 있도록 언제든 지지하고 도와야 한다. 아이의 등을 째려보며 무작정 학원으로 밀어넣을 게 아니라 아이의 생각을 바라볼 수 있어야 한다. 아이가 자기 생각의 주체가 될 수 있도록 물심양면으로 지원을 아끼지 말아야 한다. 이는 일상에서 시작해서 공부로 연결된다.

☙ 자신만의 생각을 기르는 과정

사춘기를 한자로 풀어보면 '생각이 봄을 맞이하는 시기'라는 의미다. 봄이라는 것은 계절상 시작을 의미한다. 그렇다면 이제 서서히 생각이 시작되는 시기라는 의미다. 심리학자 쟝 피아제Jean Piaget의 인지 발달 이론에서 사춘기는 형식적 조작기에 속한다. 즉, 구체적인 조작을 통해서 세상을 이해하는 게 아니라 이제는 머릿속 생각으로 세상을 이해하는 시기다. 사춘기는 스스로 생각할 수 있는 자아가 본격적으로 발달한다. 생각이 제대로 자라지 않고서는 어엿한 어른이 될 수 없다.

생각은 들판의 잡초처럼 저절로 자라지 않는다. 온갖 정성과 노력을 들여야 하는 화초에 가깝다. 반드시 의식적인 과정이 수반되어야 한다. 생각하는 대로 살지 않으면 사는 대로 생각한다는 말이 있다. 우리는 살아가는 내내 생각하는 과정이 반드시 필요하다. 심리적 성장의 중심에 생각, 즉, 의식적이고 독립적인 사고가 있다. 직면한 문제에 대처하기 위해서, 자신의 행동을 분석하기 위해서도 마찬가지다. 나아가 자신의 감정에 귀를 기울이려 할 때도 역시 생각하는 과정이 필요하다. 살아가는 과정에서 뿌듯한 결정을 내릴 수도 있지만 때에 따라 이불 킥을 부르는 결정도 있다. 이처럼 스스로 내린 선택의 결과들이 쌓여감으로써 자존감이 만들어진다. 자존감을 탄탄하게 만드는 선택이 있는가 하면, 자존감을 갉아먹는 선택도 있다. 누구에게도 예외는 없다.

이제 생각의 걸음마를 시작하는 아이에게는 부모의 묵직한 기다림과 지지가 필요하다. 그들의 생각이나 판단이 한없이 어리석고 한심하게 느껴져도 무조건적으로 지지하고 기다려주어야 한다. 생각이 말랑말랑한 아이가 창의성을 기른다. 하루에 한 번 아이의 생각을 마사지해주자. 매 순간 아이들의 생각을 궁금해하라. 생각을 묻고 자극하라. "네 생각은 어떤데?", "너는 어떻게 하고 싶어?" 아이들이 생각의 보따리를 주섬주섬 풀어놓으면 생각 하나하나를 존중하라. 사춘기 자녀가 부모의 의견에 반한다면 싸울 게 아니라 토론을 해야 할 때다. 부모의 권위를 무기로 아이의 생각을 무조건 누르려고 해서는 안 된다. 앞서 3장에서도 다루었지만, 생각이 막힐 때 잘못된 선택에 이를 수 있음을 유의하라.

부모는 공부 근력을
길러주는 학습 코치다

"나는 괴물을 처단했다. 이로써 안심이다!"

최근 일본에서 30대 딸이 엄마를 잔혹하게 살해하고 급기야 시신을 훼손한 사건이 일어났다. 위의 문구는 엄마를 살해한 후 딸이 SNS에 올린 말이다. 의사가 되라는 엄마의 강요에 의해 9년간 재수를 해서 결국 간호학과에 들어갔지만 엄마는 여전히 마뜩치 않았고 지속적으로 딸을 괴롭혔다. 견디다 못한 딸은 엄마를 살해했고, 그녀는 비로소 자유로워졌다고 안도했다.

영화에서나 있을 법한 사건이 실제 현실에서 일어나고 있다. 이런 일들이 비단 일본에서만 일어나는 게 아니다. 우리나라에서도 이와 유사한 사건이 종종 일어난다. 2020년 12월 1일자 기사에 나온 뉴스도 그중 하나다. 어머니에게 중간고사 성적을 거짓말로 말한 뒤 이를 들킬까 봐 어머니를 살해하려 한 중학생에게 집행유예가 선고되었다는 뉴스다. 기사에 따르면 이 아이는 초등학교 고학년 때부터 학업에 대한 압박을 받아오면서 우울증을 앓고 있었다고 한다. 이 아이에게 공부란 어떤 의미였을까?

평소에 부모로부터 관심을 전혀 받지 못하는 아이가 있다고 치자. 이 아이가 부모로부터 관심과 인정을 받는 경우는 성적이 올랐거나 좋은 성과를 냈을 때다. 그렇지 못할 경우 부모로부터 비난은 물론 매가 따라오기도 한다. 이럴 경우 이 아이는 생존하기 위해서 몸이 부서져라 공부에 매진할 수밖에 없다. 더군다나 아이가 어리면 어릴수록 부모로부터의 사랑과 관심은 생존과 직결되기 때문에 이 공식이 더 잘 성립이 된다. 다시 말해 이들을 지배하는 건 내면의 욕구나 신호가 아니라 두려움을 떨쳐내고 안전하고자 하는 욕구다.

물론 위의 사례들은 아주 특수한 경우다. 이보다 심각하지는 않지만, 공부에 있어서 스스로 주체가 되지 못하고 이방인처럼 겉도는 아이들이 의외로 많다.

사슴을 물가로 끌고 갈 수는 있지만, 억지로 물을 먹일 수는 없다. 아이 스스로 공부를 하도록 동기를 부여하는 것까지가 부모의 역할이다. 공부를 하는 건 아이의 자발적인 선택이어야 한다.

고양시 모 중학교 부모교육에서 만난 준영 어머니의 이야기다. 중학교 1학년인 아들의 학업을 위해 헌신적으로 뒷바라지를 하고 있었다. 지금까지 만난 부모 중에서 학습과 관련해서 준영 어머니처럼 헌신하는 분은 만나지 못했다. 초등학교 때부터 시작된 새벽 공부는 중학교에 와서도 이어졌다. 아침을 먹기 전에 영어 단어를 외우고 수학문제를 몇 페이지 푼 다음 등교를 했다. 준영은 학교와 학원을 마치고 집에 오면 저녁을 먹고 곧바로 저녁 공부에 돌입했다. 저녁 밥상을 물리면 바로 그 자리에서 '엄마가 주도하는 공부' 시간이 시작된다. 준영의 공부를 돕기 위해서 어머니도 EBS와 참고서를 보고 때에 따라 학원 선생님께 도움도 받는 등 열정을 쏟았다. 함께 교육에 참여한 다른 부모들도 혀를 내두를 정도였다.

3년 뒤 강연을 간 고등학교에서 우연히 준영 어머니를 다시 만났다. 강연장에 들어서자마자 반가운 얼굴로 달려와 손을 잡고 인사를 했다. 그러고 보니 준영이 다니던 중학교에서 그리 멀지 않은 고등학교였다.

"준영이가 이 학교에 다니나 봐요."

"네."

"준영이는 어떤가요? 여전히 어머님이 함께 공부하고 계신가요?"

"아뇨. 제가 공부에서 손 놓은 지 오래됐어요. 하다 보니 한계에 부딪히

더라고요. 그리고 준영이도 점점 반항을 하고요."

"그러셨구나. 힘들지는 않으셨나요?"

"작년에 특히 힘들었어요. 제 뜻대로 따라오지 않는 준영이와 거의 최

악의 사태까지 가기도 했죠. 치고 박지만 않았지, 욕까지 하더라니까요.

그때 선생님 말씀을 새겨들었어야 하는데, 결국 공부는 자기가 해야 하

는 거더라고요."

마라톤을 하는 아이가 안쓰럽다고 해서 갑자기 들쳐 업고 뛴다

면 어떻게 될까? 아이는 자신의 근육을 이용해 달리는 연습을 할

수가 없다. 그러다 어느 순간 힘에 부친 부모가 "이제는 너도 다

컸으니 네가 알아서 뛰어라"라고 하는 건 아이에게는 청천벽력과

같다. 공부도 마찬가지다. 엄마가 주도하는 공부에는 한계가 있

다. 공부 근육을 키우지 못한 아이에게 스스로 공부하라는 말은,

다리 근육이 전혀 없는 아이에게 험한 산지를 달리라고 등을 떠미

는 것과 같다. 시간이 오래 걸리고 천천히 돌아가더라도 아이 스

스로 호흡을 가다듬고 뛰는 게 맞다. 자기 주도적 학습은 결국 자

기 주도적 생활이 바탕이 되어야 한다. 즉, 자율성과 주도성이 주

춧돌이 된다. 온몸으로 부딪치면서 경험해야 비로소 내 것이 된

다. 그 과정이 얼마나 치열하고 험난한지에 따라 뿌듯함과 성취감은 배가 된다. 이때 부모의 따뜻한 시선과 정서적 지지는 자녀를 실패나 좌절로부터 지켜준다. 부모는 자녀 스스로 공부를 할 수 있도록 격려하고, 공부에 지쳐 주저앉을 때 부드럽고 따뜻하게 일으켜 세워야 한다. 마라톤 선수 곁에서 끊임없이 지지하고 격려하는 코치처럼, 부모 또한 코치의 역할에 머물러야 한다.

✿ 학습된 무기력을 전하지 마라

나에게 두 딸을 키우면서 무엇이 가장 후회되냐고 누군가 묻는다면 단연코 '영어 공부'라고 말할 것이다. 대학에서 영어를 전공한 나는 아이들 영어만큼은 직접 가르치고 싶었다. 그래서 초등학교도 들어가기 전부터 직접 파닉스를 가르치고 영어 동화책을 읽으면서 열과 성을 다했다. 아이들의 영어 실력은 나쁘지 않았다. 그러나 영어에 대한 효능감이 현저히 떨어진다는 사실을 깨닫는 데는 그리 오랜 시간이 걸리지 않았다. 실력과 상관없이 자신들은 영어를 못하는 아이라고 생각했다. 100점을 받아도, 영어 레벨테스트에서 최고 반에 들어가도 만족하지 못했다. 그저 운이 좋았다고 말했다. 수년간 영어를 배우는 과정에서 쉴 새 없이 쏟아지는 엄마의 비난과 호통에 주눅이 들어 있었다. 내 자식에 대한 욕심이 공부 자존감을 야금야금 갉아먹고 있었지만, 미련한 나는 전혀 눈치채지 못하고 있었다. (시간을 다시 되돌릴 수 있다면!) 대학생이 되어서도 영어와 관련해서는 좀체 효능감이 살아나지 않는 게 안타까울 뿐이다.

학습된 무기력이라는 유명한 실험이 있다. 심리학자 마틴 셀리그먼Martin Seligman은 개들을 우리에 가두고 큰 소리와 함께 전기 충격 자극을 가했다. 개들은 자극에 대해서 전혀 통제할 수 없는 상황이며 어떻게 해도 고통을 피할 수 없게 된다. 이때 처음 30초 동안 미친 듯이 충격으로부터 피하고자 몸부림치던 개들은 서서히 포기하게 되고 자극 자체에 무기력해진다. 이후 자극을 충분히 피할 수 있는 상자로 옮겨진 후 같은 전기 자극이 주어질 때, 그들은 자극으로부터 피할 생각조차 하지 않고 고통을 감내했다. 반면에 자극이 주어졌을 때 자신의 통제로 벗어날 수 있었던 개들은 전기 자극을 받자마자 다른 쪽 상자로 이동하여 자극을 피했다.

아무리 애를 써도 도저히 고통으로부터 벗어날 수 없었던 개들은 이 실험을 통해 '어쩔 수가 없다'는 걸 학습한다. 그리고 이들은 충분히 벗어날 수 있는 환경에서조차도 고통 속에 무기력하게 머물기를 선택한다. 반면에 전기 충격이 가해질 때마다 자신의 통제로 그 충격에서 벗어날 수 있었던 개들은 실험을 통해 '세상은 자기하기 나름이다'라는 걸 학습한다. 이처럼 무기력은 고통 그 자체가 아니라 '자신이 통제할 수 없다'는 생각이 만든다.

학습된 무기력이 가장 많이 일어나는 곳이 바로 학습이다. 나름 노력했는데도 불구하고 결과가 좋지 않을 때 아이들은 스스로 통제할 수 없다는 생각에 갇힌다. 해도 어차피 안 될 거라 생각한다. 이런 생각은 아이들을 무기력의 늪으로 빠트린다. 그래서 수포자가 속출한다. 여기에 부모의 한 마디는 종지부를 찍는다.

"공부를 그렇게 해서 대학에 들어갈 수나 있겠니?"

"밥이나 빌어먹고 살겠어?"

무차별적으로 쏟아지는 이런 비난은 전기충격만큼이나 아이들에게는 피하고 싶은 고통이다. 혼자 힘으로 벗어날 수 없을 때 아이들은 포기한다.

"공부가 제일 쉬웠어요." 새빨간 거짓말이다. 이 말에 속아 "넌 왜 즐겁게 공부하지 않는 거니?"라고 아이를 닦달하지 말아야 한다. 공부는 절대적으로 쉽거나 단순하지 않다. 배움의 과정은 어렵고 치열하다. 우리는 매 단계마다 좌절을 겪고 이겨내는 과정을 수없이 반복하고 견뎌낸다. 정신분석학자 도널드 위니컷^{Donald Winnicutt}은 "빠르게 성장하고 진행되는 모든 것은 병이다"라고 말했다. 특히 공부만큼 느리고 오랜 숙성이 필요한 게 또 있을까? 공부라는 것 자체가 바로 근면성을 익히는 과정이다. 근면성을 키우는 건 바로 낙관성, 끈기 그리고 도전 경험이다.

10년 전쯤 강의에서 만난 한 어머니의 사연이다. 딸이 중학교에 입학하자마자 첫 시험에서 수학을 55점 받아왔다. 이 점수를 보는 순간 하늘이 노래지고 앞이 깜깜해졌다. '이 점수로 대학은 어림도 없어'라는 생각에 미치자 입맛도 떨어지고 주변 사람들 볼 자신도 없어졌다. 일주일을 그렇게 앓아누웠다. 그러다 문득 '그래, 대학을 꼭 가야 하는 건 아니지. 지금부터 할 만한 게 뭐가 있을까?'라는 생각이 들었다. 이후 자리를 털고 일어나 아이에게 말했다.

"엄마가 곰곰이 생각해봤는데, 수학을 이렇게 해서는 대학 들어가기 힘들어. 차라리 지금부터 다른 기술을 배우는 건 어떨까?"

시험 결과가 생각한 것보다 형편없이 나왔다. 이때 낙관적인 사고를 가진 아이라면 '이번 시험은 유난히 어려웠어. 더 철저하게 준비했었어야 해. 다음에는 좀 더 시간을 투자해서 공부를 해야겠어'라고 생각하며 구체적으로 공부 계획을 수정한다. 반면에 비관적인 아이는 다르다. '이번 공부도 망쳤어. 지난 번 국어도 그랬는데, 역시 난 공부는 안 되나 봐'라며 스트레스를 받는다. 급기야는 '공부도 못하는데 다른 건 오죽하겠어. 나는 뭘 해도 안 되는 놈이야'라고 자신의 불운을 앞으로도 지속되며 전반적인 문제라고 치부한다. 당연히 공부에 대한 의욕도 뚝 떨어질 수밖에 없다. 낙관적인 사고방식을 가진 아이는 으레 자신의 고통에 대해 일시적이고 구체적인 이유를 찾는 반면에 비관적인 아이는 영구적이고 전반적인 원인을 탓한다. 사고방식은 공부뿐 아니라 모든 생활 영역에 영향을 미친다.

그런데 아이들의 이런 사고방식은 어디에서 오는 걸까? 전부는 아니지만 많은 부분 부모의 영향이 크다. 부모가 낙관적이냐 비관적이냐는 자녀에게 직접적으로 영향을 미친다. 아이들을 비관적으로 만드는 요인은 실패 경험 그 자체가 아니라 그 실패를 어떻게 바라보느냐다. 다시 말해, 성공과 학습에 대한 신념이다. 아이의 성취 결과에 부모가 어떤 반응을 보여주는가가 중요하다.

첫 시험 하나 가지고, 그것도 수학 점수 하나로 아이의 앞날을 예측하고 재단해버린다면 이 아이가 배울 수 있는 건 뭘까? '에잇, 해도 어차피 안 되겠네. 난 어쩔 수 없어.' 비단 공부뿐 아니라 생활 전반에 걸쳐 무기력을 학습하게 된다. 마치 장애물이 제거되었음에도 불구하고 탈출을 시도조차 하지 않는 마틴 셀리그먼의 개처럼, 이들은 마음 안에 장애물을 설치하고 평생을 살아간다. 그러나 우리가 기억해야 할 개들이 있다. 같은 '무기력 조건' 속에 있었지만 환경이 달라지자 스스로 고통스러운 상황을 벗어난 개들이다. 이들은 낙관적인 기대를 버리지 않은 개들로, 실험에 참여한 3분의 1이 이에 속한다.

🌿 부모의 말이 성공과 실패를 결정한다

여러분이 어린 시절 무언가를 아주 잘했거나 못했을 때 부모로 부터 무슨 말을 들었는지 떠올려보라. 시험 점수에 대해서 칭찬받 았는가? 아니면 여러분이 기울인 노력에 대해서 칭찬받았는가? 또는 시험 점수에 대해서 지적받았는가? 아니면 노력을 좀 더 하 라는 격려를 받았는가?

아이의 성공과 실패는 어릴 때부터 줄곧 들어왔던 부모의 말이 결정한다. 같은 70점이라도 어떤 아이는 성공 경험을 하거나 또 는 자신의 노력 여하에 따른 결과라 여긴다. 이는 자신이 충분히 통제할 수 있다는 믿음을 준다. 반면에 어떤 아이는 실패라고 여 기고 낙담한다. 시험 점수 자체가 아니라 70점이라는 결과에 대 해서 어떤 경험을 했는지는 이처럼 아이의 사고방식에 커다란 영 향을 미친다. 역경은 뒤집으면 경력이 된다. 역경 자체를 낙관적 이고 통제 가능한 걸로 해석하는 아이가 성공할 가능성이 높다.

상황 수학을 70점 받았다.

부모 A 이걸 점수라고 받았니? 대체 누굴 닮아서 머리가 이 모양인 거야?

→ 결과에 대한 비난

부모 B 70점이구나. 잘했네. 이 정도면 됐어.

→ 결과에 대한 칭찬

부모 C 애썼네. 어젯밤에도 시험 준비한다고 늦게까지 공부하더니, 결과가 생각보다 좋게 나와서 기쁘겠구나.

→ 노력에 대한 칭찬

부모 D 100점을 기대했는데 조금 실망했겠구나. 이번에는 노력을 좀 덜했기 때문이 아닐까? 그리고 지난 번 보다 실수가 조금 많았네.

→ 노력에 대한 지적

동윤은 공부에 의욕을 잃어버린 지 오래됐다. 초등학교 6학년이라 이제 중학교에 들어가면 본격적인 공부가 시작될 텐데도 동윤은 여전히 공부와는 담을 쌓고 살아간다. 동윤을 보는 엄마는 속이 터지다 못해 짓무른다. 동윤은 머리가 나쁘거나 집중력이 떨어지는 아이는 아니었다. 실제 초등학교 저학년까지는 어느 정도 학교 공부를 잘 따라가던 아이였다. 그러던 것이 5학년이 되면서부터 공부에 흥미를 잃어버리고 말았다. 이유를 모르는 엄마는 그저 답답할 뿐이다.

사실 동윤의 이야기는 초등학교 1학년으로 거슬러 올라간다. 그때만 해도 초등학교에 들어가면 제일 먼저 보는 게 받아쓰기 시험이었다. 첫 받아쓰기 시험을 보던 날이었다. 그 전날 밤 12시까지 연습을 시켰기 때문에 당연히 100점을 맞을 거라 기대했다. 동윤이 학교에서 돌아오자마자 엄마는 묻는다. "몇 점이야?" 아직 신발도 채 벗지 못한 동윤이 기어들어가는 목소리로 대답한다. "80점이…." 말이 채 끝나기도 전에 동윤 어머니는 읽고 있던 책을 동윤에게 던졌다. 책은 동윤의 머리를 정확히 가격했고 동윤은 휘청거렸다.

세월이 흘러 동윤 어머니는 이 사실을 기억에서 지웠다. 그러나 동윤의 내면은 깊이 파였다. 이후 동윤에게는 작은 트라우마가 생겼다. 시험지 비슷하게 생긴 것만 봐도 심장이 두근거렸다. 집중이 잘 안 됐다. 선생님이 '시험'이라는 말만 해도 어지럽고 손발에 땀이 나기도 했다. 초등학교 저학년까지는 그럭저럭 버텼지만, 고학년이 된 동윤에게는 더 이상 견디기가 힘들었다. 그저 편안해지고 싶을 뿐이다. 동윤이 공부를 포기한 이유는 삶을 포기할 수 없었기 때문이다.

부모가 아이의 실수에 대해서 마치 엄청난 잘못이라도 한 것처럼 반응하게 되면 아이는 실수가 나쁜 것이라 여긴다. 실수는 피해야 할 무엇이라 여기고, 실수나 실패 상황에서 지레 포기하고 좌절한다. 그리고 실패가 예상되는 영역에 대해서는 도전 자체를 피하게 된다. 해도 어차피 안 될 거라면 안 하느니만 못하다고 여긴다. 어쩌다 도전한다고 하더라도 자신의 능력을 발휘하는 게 목표가 아니라 실패하지 않는 게 목표가 된다. 이 아이들에게는 경험 자체보다는 결과만이 중요할 뿐이다. 그러나 부모가 아이의 실수를 기회라고 여기고 더 성장할 수 있도록 자극해준다면, 아이는 실수를 소중한 경험으로 받아들인다.

"fail이 무슨 뜻이야?"
게임에 푹 빠진 4살 조카에게 삼촌이 묻는다.
"다시 하라는 뜻이야."
아이의 대답이다. 게임 도중 이 단어가 쉴 새 없이 나타나도 아이는 아랑곳하지 않고, 신나게 처음부터 다시 시작한다.

영유아는 많은 실패를 거듭하지만 특별히 창피하게 여기거나 불안해하지 않는다. 이들은 실수나 실패를 개의치 않고 배우는 데만 몰두한다. 앉으려고 애쓰는 아기나 걸음마를 배우는 아기는 넘어지고 또 넘어진다고 해서 괴로워하거나 포기하지 않는다. 넘어지면 일어나서 다시 시도한다. 이들은 배우는 걸 즐거워한다. 인간은 타고나기를 배우는 것에 열정을 가진 존재다. 그런 아이들이 점차적으로 자라면서 부모들이 자신의 실수에 어떤 반응을 보이는지 살피게 된다.

'엄마가 인상을 쓰고 있네. 아, 내가 잘못을 했구나.'

실패나 실수가 나쁘다는 걸 은연중에 배웠기 때문에 자신을 지키기 위해 도전을 피하고 최선의 노력을 다하려고 하지 않는다. 이와 같이 공부와 관련하여 어떤 기억이 저장되느냐는 아주 중요하다. 상담과 교육을 하다 보면 '크고 작은 동윤'을 많이 만난다. 실제 대입 시험에서도 지나치게 긴장을 하는 바람에 글자가 얼룩져 제대로 읽지 못해 망한(?) 아이들도 있다. 그들은 '이생망(이번 생은 망했다)'이라며 한탄한다.

⚜ 마음을 이해하고 과정을 알아줄 것

우리는 흔히 아이를 공부에 빠져들게 하려면 칭찬과 격려를 아끼지 말라고 한다. 그리고 칭찬에도 기술이 있다고 말한다. 칭찬의 기술이란 '결과가 아니라 과정을 칭찬'하고 '구체적으로 칭찬'하는 걸 말한다. 그래서 많은 부모들은 낙담한 자녀에게 말한다.

"괜찮아. 그것도 잘했어. 다음에 더 잘하면 되지."

"그래도 많이 노력한 게 중요한 거야. 결과보다는 노력이 중요해."

　얼핏 그럴싸해 보이는 말이다. 그러나 부모의 이런 말에 위로받고 다시 책을 펼쳐들 아이가 몇 명이나 될까? 늘 말하지만, 영혼이 실리지 않은 말은 감정 낭비다. 정말 아이를 격려하고 싶다면 아이 마음이 먼저다. 아이는 전혀 괜찮지 않은데 부모가 '괜찮다'고 말하면 괜찮지 못한 자신이 더 불편해진다. 마음은 계속 휘몰아치는데 부모는 이 상황이 괜찮다고 한다. 뭐가 괜찮다는 걸까? 그저 부모가 어서 빨리 아이가 괜찮아지기를 독촉하는 것과 다름없다. 이때는 "괜찮다"라고 단정 지을 게 아니라 "괜찮니?"라고 물어야 한다. 전혀 괜찮지 않은 아이의 내적 경험에 귀 기울여야 한다. 자신에게 실망하고, 속상하고, 좌절한 마음을 위로해주는 게 먼저다.

　과정에 대한 칭찬도 마찬가지다. "노력했으니 됐어"라는 부모의 말은 공허하다. 뭘 얼마나 노력했는지도 모르면서 노력을 칭찬하려니 빈말이 되어버린다. 부모는 아이를 관찰해야 한다. 호시탐탐 아이를 염탐하고 감시하는 게 아니라 부드러운 시선과 관심을 듬뿍 담은 시선으로 아이를 바라봐야 한다. 그래야 과정을 제대로 이해한다. 우리 아이가 무엇을, 얼마나, 어떻게 열심히 했는지를 안다. 이럴 때 비로소 제대로 위로하고 격려해줄 수 있다.

　"어제 네가 정말 좋아하는 TV프로그램도 안 보고 공부하는 걸

봤어. 평소와 달리 2시간을 자리도 뜨지 않고 공부하던데, 그 모습을 보고 엄마는 넌 뭘 해도 되겠다는 생각이 들었지. 지금 당장은 결과가 네 마음에 안 들지 모르지만, 언젠가 네 노력이 빛을 발하는 날이 올 거야."

부모의 지지와 격려는 밖으로부터 안으로 주는 자극과 같다. 사춘기라 할지라도 여전히 어린아이다운 면이 있다. 무언가를 시도할 때 아이들은 두려움과 불안을 느낀다. 그때 부모의 따뜻한 관심과 지지는 힘을 불어넣는다. "그게 될까?"라는 말보다는 "안될게 뭐 있어?"라는 말이 힘이 된다.

🌿 아이에겐 숨구멍이 필요하다

학습 코치란 아이가 공부를 하고 싶다는 마음이 들도록 동기를 불러일으키며, 정서적 안정을 지원하여 성숙한 인간으로 성장하도록 지속적으로 돕는 사람을 말한다. 매일 매일 몇 페이지를 풀었는지, 몇 개를 틀렸는지를 확인하는 게 아니다. 잠시라도 놀고 있는 아이를 보는 순간, 그 틈을 메워주려고 여기 저기 학원을 알아보는 게 다가 아니다. 부모가 굳이 아이의 공부를 채근하거나 독촉하지 않아도 아이는 이미 공부 압박에 시달리고 있다. 숨 쉴 틈조차 허용되지 않는 빡빡한 스케줄 속에서 부모만큼은 숨구멍이 되어주어야 한다. 아이에게는 수많은 선생님들 중 한 명이 아니라 이 세상 어느 누구도 대체할 수 없는 '부모'가 절실하다.

부모와의 소통이 자녀의 학습에 미치는 영향에 대한 많은 연구가 이루어졌다. 이 연구 결과들은 하나같이 소통이 잘되는 부모와 자녀 관계일수록 자녀의 성적이 올라간다는 결론에 입을 모은다. 특히 30년 넘게 감정코칭을 연구해온 심리학자인 존 가트맨John Gottman 박사는 부모로부터 감정코칭을 받은 아이들은 자기 조절 능력도 뛰어나지만, 학습에서도 두각을 나타낸다고 밝혔다.

이제 아이와 나 사이를 가로막던 책을 치우고 온전히 아이에게 집중해보자. 지금 아이가 힘들어하는 게 무엇인지, 무엇을 원하는지 귀 기울여보자. 책 너머로 보이는 아이는 게을러터진 한심한 존재일지로 모른다. 그러나 책을 치우고 잠시 아이의 눈을 바라보면 아이의 힘든 마음과 좌절감이 드러난다. 공부를 어려워하는 아이는 비난이 아니라 위로를 받아야 할 대상임을 잊지 말자.

"공부하면서 힘들지는 않니? 엄마(아빠)가 도와줄 일이 있을까?"

"어떻게 하면 네가 좀 더 편안하게 공부할 수 있을까?"

"언제든 도울 일이 있으면 말해. 우리는 항상 널 응원한다."

가슴 뛰는
미래를 그려본다

　오래 전 중학교에서 만난 아이들의 이야기다. 학습 코칭을 해달라는 의뢰를 받고 갔지만, 공부와는 아예 담을 쌓은 아이들 십여 명이 나를 기다리고 있었다. 동공은 풀려있었고 상담 내내 하품을 하며 카드를 만지작거렸다. 간간히 나를 힐끗거리며 보기는 했으나 관심은 단 1그램도 보이지 않았다. 수업 시간에 적응하지 못해서 결석을 밥 먹듯이 하거나 가출을 일삼는 아이들이다 보니 공부라는 주제 자체가 낯설다. '공부의 ㄱ자도 모르겠는데요' 하는 눈빛이다. 이런 때는 눈치껏 공부라는 주제를 과감히 버리고 아이들의 꿈이나 관심사로 주제를 돌려야 한다.

"너희들은 뭐가 하고 싶어?"

"없는데요."

방어적인 태도로 귀찮다는 듯이 대답한다. 뭐 예상하던 바다.

"그래, 없을 수도 있지. 그러면 뭘 할 때가 가장 기분이 좋으니?"

"카드놀이 할 때요!"

감사하게도 한 아이가 무뚝뚝하게 대답한다.

"카드놀이? 그거 어떻게 하는 건데?"

정말 궁금하다는 듯이 관심을 보이면 아이들은 반응을 시작한다. 이렇게 아이들과 조금 가까운 거리에서 그들의 관심사인 카드를 중간에 두고 관계의 첫 단추를 꿰기 시작한다.

"그래, 오늘은 공부 말고 카드놀이나 해볼까? 누구 선생님한테 카드놀이 어떻게 하는지 가르쳐 줄 사람?"

아이들에게 카드를 배워가면서 간간히 관찰한 바를 무심하게 툭툭 던지며 말한다.

"이야, 정훈이 너 카드를 정말 잘 다루네. 어쩜 그렇게 프로처럼 촤라락 펼칠 수 있니? 그거 선생님도 배우고 싶어."

"현석이는 목소리가 정말 깊고 풍부하네. 아까부터 현석이가 무슨 말을 할 때마다 선생님 심장이 막 반응하네. 다른 사람을 설득하는 기술이 있을 것 같은데, 선생님 말이 맞지?"

"재우는 말이 별로 없는 것 보니까 무지 신중한 것 같은데, 그치? 쓸데없는 말 빼고 딱 필요한 말만 하는 거, 그것도 능력인데 부럽다."

이렇게 하다 보면 어느 순간 아이들 마음에 빗장이 풀리는 걸 느낀다. 그러고 나면 내가 하고 싶은 걸 제안한다. 이때는 대부분 '30년 후의 나'에 대해서 이야기 나눈다. 그저 30년 후에 어떻게 살 것인가에 대한 내용이 아니라 몇 가지 준비된 질문을 하면서 아이들이 마음껏 상상하도록 돕는다. 예를 들어, "자동차를 타고 회사에 가고 있어요"라고 말한다면 어떤 자동차인지, 색깔이 무엇인지, 배기량은 어떻게 되는지 등에 대한 질문으로 구체화시킨다. 이런 활동을 하다 보면 아이들 얼굴이 환해지며 자신도 모르게 입꼬리가 올라간다. 교육 심리학자 폴 토렌스Paul Torrance는 "사실 한 사람이 미래에 거둘 성과를 예측하는 데는 그가 과거에 거둔 성과보다는 그가 지닌 미래상이 더 나은 변수일 것이다"라고 말했다. 꿈이 구체화되는 경험을 통해서 동기가 생겨난다. 우리 아이들에게 가슴 뛰는 미래를 그려보도록 자극해주자. 머릿속으로 그린 미래는 지금 현재 무엇을 해야 할지를 결정한다.

❧ 목표로 향하는 사다리

10년 전 고려대학교 경영학과 3학년 김예슬 학생이 돌연 자퇴를 선언했다. 그녀는 '나는 오늘 대학을 그만둔다'는 제목으로 장문의 글을 써서 학교 대자보에 올렸고 이는 이슈가 되어 기사화되었다. 소위 말하는 SKY대학에서 졸업을 1년 앞둔 학생이 갑작스럽게 자퇴를 선언한 것 자체가 사회적 파장을 불러왔다. 그녀의 글 속 한 문장이다.

"스무 살이 되어서도 내가 뭘 하고 싶은지 모르고 꿈을 찾는 게 꿈이어서 억울하다."

비단 김예슬 학생만의 문제도, 그때 그 시절의 문제도 아니다. 여전히 많은 대학생들의 화두다. 대학은 꿈의 종착지가 아니다. 많은 아이들은 대학을 목표로 매 시간을 초단위로 쪼개서 공부와 사투를 벌이지만, 대학이 그들의 답이 아니라는 사실에 망연자실한다. 당연히 좋은 직장도, 좋은 직업도 우리가 도달해야 할 꿈의 종착지가 아니다.

앞서 부모의 공부 공식으로 다시 돌아가 보자. 공부를 하는 이유는 결국 행복하기 위해서다. 그렇다면 우리는 행복이라는 것에서부터 다시 시작해야 한다.

살아가는 과정을 사다리를 타는 것에 비유해보자. 무엇부터 제일 먼저 해야 할까? 말할 것도 없이 어디로 올라갈지를 정하는 일이다. 언덕을 올라갈지, 나무 꼭대기를 올라갈지, 건물을 올라갈지를 정해야 비로소 사다리를 단단하게 고정할 수 있다. 고정되지 않은 사다리를 오르는 것만큼 아슬아슬하고 위험한 건 없다. 이 꼭대기가 바로 우리가 도달해야 할 종착지다. 그곳에 행복이 있다. 그렇다면 자신이 추구하는 '행복한 삶'이 무엇인지를 고민해 봐야 한다. 즉, '나는 어떤 삶을 살고 싶은가'에 대한 답을 찾는 게 먼저다. 부모는 자녀에게 "뭐든 열심히 최선을 다해!"가 아니라 "무엇을 하고 싶니?"라는 질문을 던져야 한다.

"커서 무엇이 되고 싶어?"

"의사요!"

"어떤 의사가 되고 싶은데?"

"성형외과 의사요!"

"성형외과 의사가 되어서 어떻게 살고 싶은데?"

"강남에서 병원을 개원해서 남부럽지 않게 부자로 살고 싶어요. 한강이 훤히 내려다보이는 아파트에서 살고 싶어요. 언제든 내가 원할 때는 해외여행을 하고, 갖고 싶은 명품을 부담 없이 살 수 있으면 좋겠어요."

술술 답하는 아이의 얼굴에 웃음이 번진다.

다른 학교에서 만난 아이의 대답이다.

"어떤 직업이 갖고 싶어?"

"의사가 되고 싶어요."

"어떤 의사가 되고 싶은데?"

"거기까지는 생각해보지 않았어요."

"그렇구나. 그러면 의사가 되어서 어떻게 살고 싶은 거야?"

"음, 저는 이태석 신부님처럼 살고 싶어요. 의료혜택이 미치지 않는 곳
에서 어려움에 처한 사람들을 돕고 싶어요. 그들에게 꿈과 희망을 주고
싶어요."

아이의 표정에서 결연한 의지가 엿보인다. 〈울지마 톤즈〉라는 영화를
보고 깊은 감명을 받았고 인생의 청사진을 그렸다고 한다.

의사가 되고 싶다는 게 두 아이의 공통점이다. 그러나 그들의
종착지는 다르다. 전자는 '경제적으로 부유한 삶'을 추구하는 반
면에, 후자는 '베푸는 삶'을 추구한다. 진로는 이렇게 시작한다.
다시 말해 사다리 꼭대기부터 아래쪽으로 거꾸로 내려오는 과정
이 바로 진로다. 잘 살아가기 위해서 하는 게 공부라면 '잘 사는
것'에 대한 정의부터 내려야 한다. '잘 사는 것'이란 개인의 가치
를 실현하는 걸 의미한다. 즉, 행복한 삶이란 자신의 가치에 부합
되는 삶을 일컫는다.

공부 ➡ 좋은 학교 ➡ 좋은 직장 ➡ 행복 ➡ 개인의 가치

따라서 부모를 행복하게 하는 게 아닌 나를 행복하게 만드는 '내 가치를 품은 나의 목표'를 찾아야 한다. '하기 싫지만 해야 하는 일'이 아니라 '힘들더라도 어쨌든 내가 하고 싶고 내가 원하는 일'을 찾아야 한다. 그게 목표다.

☙ 상위 목표부터 세워라

사다리를 세우는 곳이 바로 상위 목표다. 상위 목표는 '어떻게 살고 싶은가'에 대한 답이어야 한다. 좀 더 추상적이고 중요하다. 이 상위 목표는 다른 목적을 이루기 위한 수단이 아니라 그 자체가 목적이다. 자신의 상위 목표를 찾기 위해서는 끊임없이 질문을 던져야 한다.

무슨 생각에 자주 빠지는가?

주로 무엇에 마음을 빼앗기는가?

무엇을 할 때 가장 행복하고 즐거운가?

무엇을 할 때 가장 지루하고 견디기 힘든가?

상위 목표를 세울 때 찾아야 하는 답이다. 통찰이나 생각만으로 상위 목표를 설정할 수는 없다. 일상에서의 무수한 시도와 다양한 경험들이 뒷받침되어야 비로소 '내가 무엇을 하고 싶은가'에 대한 답이 명확해진다. 아인슈타인은 "학습은 경험이다. 다른 모든 건 정보일 뿐이다"라고 말했다. 생각만으로 이루어지는 건 아무것도 없다. 생각한 것을 실험해보고 시도해보고, 그 과정에서 실패도 실수도 경험해볼 필요가 있다. 경험이 바탕이 되지 않은 생각은 그저 생각에 머물 뿐이다. 이제 사춘기 부모는 아이를 책상 앞에 묶어둘 방법을 고민할 게 아니라, 책상 밖으로 나가 마음껏 경험할 수 있도록 멍석을 깔아주어야 한다.

상위 목표를 향해 가는 과정에서 우리는 중간 목표나 하위 목표 등으로 세분화해서 생각해볼 수 있다. 중간 목표는 직업이나 직장 등이 포함될 수 있다. 그리고 하위 목표는 중간 목표를 위해서 지금 당장 실천해야 하는 것들을 말한다. 상위 목표가 설정이 되면 중간 목표나 하위 목표가 만들어진다.

중간 목표는 의사가 되는 일이고, 하위 목표는 의사가 되기 위해 지금 공부를 하는 일이다. 의대에 진학하기 위해서는 몇 점 정도의 점수가 필요한지 가늠해보고 그 점수를 위해서 지금 현재 어느 정도의 성적이 유지되어야 하는지 계산이 가능하다. 진로는 이렇게 상위 목표에서 하위 목표로 내려오는 과정이다. 만약 의대에 진학하지 못한다면 어떻게 될까? 상위 목표가 명확하게 설정되어 있다면, 중간 목표에는 유연성이 필요하다. 전 세계적인 베스트셀러인 《그릿》의 저자 안젤라 더크워스Angela Duckworth는 "상위 목표는 잉크로 작성하고 하위 목표는 연필로 작성하라"고 말했다. 의사는 아니지만 봉사하면서 살아갈 방법은 다양하다. 마찬가지로 돈을 많이 벌어서 여유롭게 살 수 있는 방법은 의사가 아니어도 가능하다.

상위 목표가 없다면 조금만 지치고 힘들어도 쉽게 주저앉아 포기하게 된다. 반면에 상위 목표는 있으나 거기에 도달하기 위한 중간 목표나 하위 목표가 없다면 상위 목표는 뜬구름이 되어버린다.

아동기는 너무 어리기 때문에 무엇이 되고 싶은지, 어떻게 살고 싶은지를 알지 못한다. 중학교에 갈 무렵부터 서서히 자신의 목표에 대해서 고민하기 시작하는 게 일반적이다. 상위 목표를 찾는 과정에서 사춘기는 반드시 헤매는 과정이 필요하며 멍 때리는 시간도 필요하다. 고민들이 켜켜이 쌓여야 비로소 내가 무엇을 하고 싶은지, 어떻게 살고 싶은지에 대한 답이 고해상도로 떠오른다.

부모는 반드시 자신의 가치와 자녀의 가치를 구분해야 한다. 자녀가 자신의 가치와 행복을 고민하며 방황할 때 묵묵히 기다려주어야 한다. 만약 아이가 아무것도 하지 않고 허공을 보며 멍 때리고 있다면 "왜 생각이 없니"라고 나무라서는 안 된다. 정말이지 열렬하게 생각 중이기 때문이다.

🌿 공부해서 남 주자

"공부해서 남 주냐? 다 너 좋으라고 하는 거지!"

이 말은 틀렸다. 우리 모두는 사회적 존재다. 사회적인 관계 속에서 자신의 의미를 찾을 때 행복이 따른다. 우리가 공부를 하는 이유는 나만 잘 살자고 하는 게 결코 아니다. 우리가 지향해야 하는 삶은 개인적인 행복을 위하는 동시에 타인의 안녕과 밀접한 관련이 있는 일이어야 한다. '내 일은 나에게도 타인에게도 중요하다'고 느낄 때 비로소 의미가 부여된다. 나아가 의미 있는 일을 할 때 과정 자체를 온전히 즐길 수 있다. 많은 심리학적 연구 결과는 개인적 흥미와 친사회적 관심 둘 다를 지닌 직장인들이 자신들의 삶에 대한 만족도뿐 아니라 실적도 높게 나온다는 걸 보여준다. 이태석 신부님과 같은 의사가 되겠다는 아이처럼 일찌감치 타인 지향적인 목적의식에서 행복과 가치를 찾는 아이들이 있다. 그러나 대부분의 아이들은 오랫동안 꿈을 찾아가는 과정에서 비로소 내 일이 다른 사람에게도 의미가 있다는 걸 깨닫는다. 앞서 성형외과 의사가 되겠다는 아이는 경제적인 부를 좇아 일을 시작했지만, 일을 하는 과정에서 어느 날 문득 깨달을 수도 있다. '나는 외모에 열등감을 가진 사람들에게 희망을 주는 일을 하고 있구나.' 이러한 가치는 자신의 일에 더 많은 보람을 느끼도록 하는 건 물론 열정으로 가슴 뛰게 만든다.

※ 방향만 잃지 않으면 된다

"선생님, 저는 공부를 어떻게 해야 하는지 잘 모르겠어요. 너무 막막한데요."

공부를 하고자 마음을 먹었지만 정작 어떻게 해야 할지 몰라 막막한 아이들도 있다. 책만 펼쳐도 뭐가 뭔지 도무지 모르겠다. 어디서부터 어떻게 시작을 해야 할지 막연하다. 그야말로 흰 것은 종이요, 검은 것은 글자다. 이 아이들에게 늘 해주는 말이 있다.

"천리 길도 한 걸음부터!"

오늘부터 영어를 공부하기로 했다면, 시작은 영어 단어 10개부터다. 때에 따라 영어 단어 5개부터 하는 경우도 있다. 매일 꾸준히 영어 단어 10개씩을 외우다 보면 한 달이 지나면 300개가 되고 1년이 지나면 3,600개가 된다. 다른 과목도 마찬가지다. 하루 일정 분량을 꾸준히 하다 보면 가랑비에 옷이 젖듯이 지식이 쌓여간다. 잘 모르면 다시 뒤로 돌아가면 된다.

공부에 있어서 중요한 것은 자신이 도달하고자 하는 목적지다. 예를 들어, 영어 단어 1만 개 또는 문장 1,000개 익히기가 될 수도 있다. 다른 과목들은 전체 맥락을 보고 세부적으로 하고자 하는 바를 나눠가는 게 좋다. 과목별로 목차를 훑어보고 목표를 설정한다. 벽면에 커다랗게 목차를 적어두고 하나씩 체크해가면서 공부한 아이도 있다. 이 아이는 본인도 놀랄 만큼 괄목할 만한 성과를 보았다. 요즘 아이들은 과정을 생략한 채 결과에만 집중하는 경향이 뚜렷하다. 하지만 원어민 못지않게 영어를 유창하게 구사하는 사람도 처음에는 다 A, B, C부터 차근차근 시작했음을 알아야 한다.

우보천리牛步千里라는 말이 있다. 소의 걸음으로 한 걸음씩 이동하다보면 목적지에 도착한다는 말이다. 청소년들에게 많이 들려주는 링컨의 말이다.

우리가 살아가는 세상은 같은 속도로 꾸준히 멈추지 않고 걷는 자가 승리한다. 뛰다 넘어지고, 뛰다 포기하고 마느니, 차라리 천천히 숨을 고르면서 차근차근히 앞으로 걸어가노라면 결국엔 도착하기 마련이다. 일부러 뒤로 돌아가지 않는다면 나는 절대로 뒤를 돌아보지는 않는다.

단지 조금을 걷더라도 앞을 향할 뿐이다. 늘 그래왔다. 오늘도, 내일도,
아니 내 삶이 다하는 그날까지 나는 같은 속도로 같은 방향으로 꾸준히
걸어가게 될 것이다.

목적지가 정해지면 가는 일은 두렵지 않다. 그저 자신의 속도
로 지치지 않고 묵묵히 가면 된다. 우리가 흔히 게으르다는 표현
을 쓸 때는 행동이 굼뜬 사람을 일컫는다. 그러나 게으른 사람이
란 방향을 잃은 사람들이다. 어떻게 살아야 하는지, 무엇을 해야
하는지조차 모른 채 표류하는 사람들은 게으르다.

공부 자존감을 키우는 5가지 전략

전략 ① 집중력을 키워라!

집중력의 시작점은 전전두피질이다. 작업 기억을 담당하는 곳도 전전두피질이다. 새로운 정보가 우리 뇌에 들어올 때 무엇을 할지 결정하는 동안 해당 정보가 저장되는 중간 구역이 바로 작업 기억이다. 이처럼 전전두피질은 계획하고 의사결정하는 등의 고차원적인 정보뿐 아니라 주의력이나 집중력을 담당하기도 한다. 전전두피질이 신경 전달 물질과 호르몬 및 기타 신체화학물질의 적절한 조합을 제공받을 때 주의력이 발생한다. 《뇌를 읽다》의 저자 프레데리케 파브리티우스는 우리 뇌가 최적점에 도달하는 방법으로 DNA(아세틸콜린, 노르아드레날린, 도파민)을 적극 활용하는 법을 제시했다.

아세틸콜린Acetylcholine을 위해 구체적인 목표를 세워라. 구체적이고 실질적인 목표는 아세틸콜린을 분비하도록 하며 이는 집중력을 유지하도록 한다. 무엇보다 목표를 눈으로 직접 볼 수 있도록 시각화하는 게 도움이 된다. 구체적으로 몇 페이지를 풀지, 몇 시까지 공부할지 등을 정확하게 기재하여 눈에 보이는 곳에 둔다. 가고 싶은 학교의 마크나 사진을 책상머리에 붙여두거나 원하는 목표의 점수를 적어서 포스트잇에 적어 잘 보이는 곳에 두는 것도 좋다. 목표가 뚜렷해지면 집중의 범위가 상당히 좁혀진다. 이때 쓸데없는 것들로 분산되었던 모든 에너지가 목표로 모여든다.

노르아드레날린Noradrenalin을 위한 최적의 난이도를 설정하라. 최적의 난이도란 내 역량보다 살짝 더 어려운 과제를 말한다. 이때 노르아드레날린이 분비되고 이는 집중을 이끈다. 내 수준보다 너무 높은 난이도는 노르아드레날린 농도를 짙게 만들어 전전두피질을 무력화시키며, 너무 쉬운 과제일 경우는 도파민이 분비되지 않고 지루해진다. 간혹 학원에서도 자녀가 수준보다 높은 반에 배정되기를 원하는 부모들이 많다. 그러나 자신의 수준보다 너무 높은 난이도를 할 경우 오히려 역효과가 난다는 사실을 알아야 한다. 우선적으로 아이의 수준에 대한 정확한 이해와 평가가 필요하다. 너무 어렵지도, 그렇다고 너무 쉽지도 않은 적절한 수준의 난이도를 찾는 게 집중력에서는 아주 중요하다.

명확하고 구체적인 피드백은 도파민Dopamine을 분비한다. 수준에 맞는 과제를 제시하고 적절한 피드백이 제공되면 아이들은 학업에서 유능감을 느끼게 되며 이는 도파민 분출로 이어진다. 동시에 지금 제대로 잘하고 있는지, 어떤 변화가 필요한지에 대해 아는 데도 도움이 된다. 부모의 긍정적인 지지와 격려 또한 도파민을 분비하며 이는 학습력과 기억력을 크게 향상시킨다.

경영은 목표를 수립하고 실행하며 평가하는 과정이다. 공부를 잘 하는 아이는 공부를 제대로 경영할 줄 안다. 무엇을 공부해야 하는지 구체적인 목표를 설정하고, 객관적인 자기 이해를 바탕으로 난이도를 적절히 조절하며 실행한 것에 대해 정확히 피드백하고 또한 다른 사람으로부터의 피드백을 수용한다.

집중력을 키우기 위해서는 환경 조성도 필수다. 첫째, 의도적으로 집중을 방해하는 요소를 제거하라. 부모들이나 청소년들을 만나 이야기해보면 집중을 방해하는 1순위는 바로 휴대폰이다. 공부를 하는 중에 휴대폰이 울리거나 '카톡' 소리가 들리면 집중력은 산산조각이 난다. 따라서 공부를 할 때는 적어도 휴대폰을 곁에 두지 않는 게 좋다. 물론 이는 아이와의 조율이나 합의를 반드시 거쳐야 한다. 부모 혼자 독단적으로 결정을 해버리면 반발은 물론, 휴대폰을 향한 마음이 더욱더 애틋해진다.

이외에도 집중력을 위해 환경적인 요소를 살피는 것도 중요하다. 책상은 최대한 말끔하게 정리하도록 한다. 특히 침대 바로 옆에 책상이 배치된 구조라면 바꿔주자. 또한 출입문을 등지고 앉는 구조가 좋으며, 창밖을 바라보는 것보다는 벽을 바라보는 것이 주의를 집중하는 데 도움이 된다. 여건상 이러한 것들이 어렵다면 최소한 주의를 빼앗는 현란한 벽지나 커튼 등은 단조롭고 차분한 것으로 바꿔주자.

둘째, 공부를 하면서 30분 간격으로 스트레칭이나 간단한 운동을 하도록 하라. 집중이 흐트러질 때는 간단하게 운동을 하거나 가볍게 산책하면서 공부 리듬에 살짝 변화를 주는 게 효과적이다.

셋째, 공부 회로를 만들어라. 외부의 에너지원을 두뇌의 전기 패턴으로 바꾸는 것을 부호화라고 한다. 부호화 유형 중 자동처리 유형은 우리가 의식하지 않고 부지불식간에 일어나는 걸 말한다. 이는 두뇌에 길을 만드는 것과 같다. 두뇌로 들어온 새로운 정보는 이 길을 따라 일사천리로 진행이 된다. 쉽게 말해서, 공부하는 장소와 시간 등을 습관화하라는 말이다. 같은 시간, 같은 장소, 같은 환경에서 꾸준히 공부를 하면 우리 뇌에서는 이와 관련한 회로를 만들게 되고, 이후로는 그 시간에 그 장소에만 가도 뇌는 이미 집중 모드로 들어간다. 이처럼 공부에서는 무엇보다 꾸준한 반복을 통한 습관이 중요하다. 꾸준함을 이기는 것은 아무것도 없다.

전략 ② 체력을 길러라!

등에 멘 가방 한쪽이 살짝 열려 있고 빨대가 길게 삐져나와 있다. 빈혈기가 느껴지거나 어지러울 때마다 혜주는 빨대를 입에 물고 뭔가를 열심히 빨았다. 바로 한약이었다. 혜주에게 한약은 물과도 같아서 수시로 마셔야 했다. 공부머리가 뛰어난 혜주는 초등학교 때부터 줄곧 최상위권을 유지했지만 중학교에 들어가서부터 문제를 겪기 시작했다. 공부 분량이 압도적으로 많아지는 중학교에 가자 불안한 마음이 앞서 무리해서 공부에 매진했고 이는 건강 악화로 나타났다. 어릴 때부터 체력이 약해서 코피도 자주 쏟고 가끔 이유도 없이 쓰러지기도 했다. 운동은 꿈도못 꾼 채 그저 하루하루 한약에 의지해야 했다.

이처럼 공부머리도 좋고 하고자 하는 의지도 있으나 체력이 뒷받침되지 않아 학습에 어려움을 겪는 아이들이 있다. 부모 입장에서 이것만큼 안타까운 일은 없다. 몸이 협조하지 않는 상황에서는 아이가 가진 잠재력을 최상으로 끌어내기도 어려울뿐더러 학습에 매진하기도 힘들다. 앞서 2장 몸 자존감 전략에서도 운동을 강조했지만, 운동의 중요성은 침이 마르도록 강조해도 지나치지 않다.

첫째, 규칙적인 운동은 장기 기억, 추론, 집중, 문제 해결 및 추상적 사고나 새로운 문제를 해결하는 데 도움을 준다. 자녀가 공부에 집중하면서 하고자 하는 일에서 성과를 내기를 원한다면 운동시간을 줄일 게 아니라 오히려 하루 일정 시간 동안은 반드시 운동을 할 수 있도록 격려하라. 아들이든 딸이든 마찬가지다. 남자아이들에 비해 여자아이들은 사춘기가 되면 몸을 움직이는 걸 불편해하는 경향이 있다. 따라서 특히 사춘기 딸은 의도적이라도 운동을 할 수 있도록 배려해주자.

둘째, 운동은 기억력을 향상시킨다. 신경과학적 연구에 따르면 몸을 움직이게 되면 해마의 치상회라는 곳에 혈액량을 증가시킨다고 한다. 해마는 장기 기억과 관련이 깊고 나아가 학습과 직접적인 연관이 있다.

셋째, 운동을 하게 되면 스트레스 호르몬인 코르티솔을 혈액에서 제거하는데 효과적이라는 연구 결과도 있다. 스트레스는 공부를 방해하는 가장 큰 주적이다. 스트레스는 혈류에 코르티솔Cortisol

271

의 분비를 늘려 두뇌 신경 전달 물질인 세로토닌[Serotonin]의 분비를 감소시켜 우울감과 피로감을 야기한다. 동시에 스트레스가 올라가면 불안감도 올라간다. 이는 편도체를 과잉 활성화시켜 집중을 방해한다.

운동이라고 해서 거창한 게 아니다. 활기차게 걷기만 해도 효과가 있다. 오늘날 우리 뇌는 원시 시대의 사고 체계에 의해 구축되었다. 원시 시대 인류는 날마다 15~20킬로미터를 걸어다녔다. 따라서 우리 뇌는 걸을 때 가장 효율적으로 활성이 되도록 최적화되어 있다. 하루 중 일정 시간 걷거나 뛰는 것만으로도 운동 효과는 충분하다. 그 외에 운동에 대해서는 2장 몸 자존감 전략을 참조하라.

전략 ③ 정서적 지지를 해줘라!

도희는 공부를 잘하고 싶다. 하루에 몇 시간씩을 의자에 앉아서 공부를 하지만 무슨 일인지 성적은 꿈쩍도 하지 않는다. 그런 도희를 바라보는 엄마는 답답하고 안타깝다. 몰래 도희가 공부하는 모습을 훔쳐보았다. 웬일인가? 앉아 있는 시간 대부분을 딴짓을 하고 있었다. 책상을 정성스레 치우거나 낙서를 하거나 또는 매듭을 만들고 있었다. 참다못한 엄마가 버럭 소리를 지른다.

"야! 그렇게 맨날 딴짓만 하니까 성적이 오를 리가 없지. 대체 하라는 공부는 안하고 뭐하는 거야?"

"이제 막 하려고 했단 말이야. 엄마는 아무것도 모르면서!"

오히려 도희가 엄마를 노려보며 역정을 낸다.

공부를 해야겠다는 마음을 굳게 먹고 연필을 집어 들었지만 도무지 집중이 되지 않는다. 마음만 다부지게 먹는다고 해서 공부 엔진이 갑작스레 가동되는 게 아니다. 공부에 영향을 미치는 것 중 가장 중요한 건 바로 정서다. 우리는 흔히 인지적 능력이 공부를 결정한다고 믿는다. 그러나 인지적 능력을 발휘하도록 하는 건 다름 아닌 정서 지능이다. 공부머리가 제 아무리 좋아도 정서가 협조를 하지 않으면 소용이 없다. 우리 뇌에서 편도체와 해마가 가깝게 인접해있다는 것은 우리가 학습을 하는데 정서적 상태가 중요하다는 걸 시사한다. 공부 자존감은 정서 속에 숨어 있다. 그래서 "공부해라"보다는 "많이 힘들지?"가 동기를 불러일으킨다.

"많이 힘들지?"

"네. 공부하기 정말 싫어요."

"그래, 공부가 쉽지는 않지. 엄마가 도와줄 게 있을까?"

"아니, 그냥 좀 쉬고 싶어요."

"그럼 잠깐 쉬었다가 하렴. 언제든 필요한 게 있으면 말하고."

이렇게 말하면 많은 부모들은 그렇게 아이 마음 헤아리다가 정말 공부는 안하고 마냥 쉬면(놀면) 어떻게 하냐고 따지듯 묻는다. 가까스로 태운 공부 열차에서 탈선이라도 할까봐 조급함을 보인다. 그렇다면 역으로, 아이를 다그치고 혼내면서 공부방에 앉혀두면 공부가 잘 될까? 우리는 이에 대한 답을 이미 알고 있다. 다만 외면하고 싶을 뿐이다.

강제로 의자에 엉덩이를 붙여놓는다고 머리까지 덩달아 협조하리라는 착각은 버리자. 그저 부모 마음 편하고자 아이를 묶어두는 것에 불과하다. 공부 시간이 중요한 게 아니라 집중 시간이 중요하다. 마음이 편안하지 않으면 절대로 집중이 불가능하다. 마치 신체적으로 소화불량을 겪고 있는 아이가 아무 데도 집중을 못하는 것과 같다. 감정을 적절히 소화하지 못하면 공부를 위한 집중력은 불가능하다. 따라서 감정을 적절히 소화하여 정서적으로 편안한 상태를 만드는 게 급선무다.

아이의 몸뿐 아니라 마음까지 공부방으로 이끄는 말은 "많이 힘들지?", "공부가 많이 어렵구나", "집중이 어려운가 보네" 등이다. 참고로 우리 아이의 성적이 갑자기 떨어졌다면 성적만 가지고 아이를 지적할 게 아니라 아이 마음 안에서 공부를 방해하고 있는 감정적 문제가 없는지를 살펴보아야 한다.

 전략 4

시도 자체에 칭찬하라!

흔히 우리는 아이의 사기를 북돋기 위해서 "우와, 잘했네!"라는 칭찬을 남발한다. 물론 이런 말들이 때로는 아이를 으쓱하게 만들고 더 잘해야겠다는 의지를 다지게도 한다. 그러나 아이가 사춘기라면 성취나 결과에 대해서 평가하기보다는 끝낸 상황에 대해서 수고를 인정하고 격려하는 게 더 효과적이다. 즉, "잘했다"나 "못했다"라는 평가나 판단이 아니라, "다했구나"라고 마무리에 대해 인정해줘야 한다. 성취 결과는 아이마다 다르다. 때로 엄격한 잣대를 들이대는 부모에게는 모든 게 못마땅할 수도 있다. 하지만 모든 아이는 '했다'는 사실 그 자체만으로도 지지받아야 한다. 하다못해 마무리하지 못했을지라도 시도한 자체를 격려해주자. 심리학자 윌리엄 제임스[William James]는 자존감의 공식을 이렇게 말했다.

$$자존감 = \frac{성취경험}{부모의\ 기대수준(욕심)}$$

이 공식대로라면 아이의 자존감을 키우려면 첫째, 부모의 기대 수준을 현실적으로 낮춰야 하며, 둘째, 아이의 성취경험을 늘려야 한다. 성취경험은 결코 특별한 게 아니다. 뭐든 '한 것' 자체에 의미를 부여하는 게 중요하다. 적어도 부모라면 흑과 백이 아니라 그 사이 회색지대를 볼 수 있어야 한다. '다했다'와 '못했다'의 사이에는 '그래도 이만큼은 했네'가 있다. 아래는 연습을 통해 부모의 생각이 변화된 예시다.

부모의 생각 바꾸기 연습

부모A 문제집을 사달라고 하고서는 한두 장 풀고 마네요.

→ 스스로 문제집을 샀다는 것은 공부를 하겠다는 의지의 표현이고 한두 장이라도 시도했다는 것은 칭찬할 만하네요.

부모B 노력은 쥐뿔도 안하면서 결과만 바라고 있어요.

→ 좋은 결과를 바란다는 것은 여전히 공부에 대한 열정이 식지 않았다는 증거겠죠? 그러면 어떻게 노력해야 하는지를 차근차근 알려줘야겠어요.

아이가 하는 일이 성에 차지 않더라도 가만히 들여다보면 분명 그 안에 작은 불씨가 있다는 것을 기억하자. 사그라드는 불씨는 회색지대 안에 숨어 있다. 위의 예시에서 '열정'이나 '하고자 했던 마음' 등이 불씨에 해당된다. 부모는 불씨를 찾아 팔이 아프도록 부채질을 해야만 한다. 다시 말하지만, 먼저 부모의 기대를 현실적으로 맞추고 성취경험을 늘려주어야 한다. 학습도 마찬가지다. 회색지대에서 가능성을 발견하고 키워주는 게 중요하다.

 전략 5 **질문으로 긍정적인 생각을 유도하라!**

낙관성은 공부의 기둥, 즉, 공기와 같다. 낙관성은 아이를 숨 쉬게 만든다. 일상에서 아이의 낙관성을 키워주는 방법은 여러 가지다. 그중 하나가 부모의 질문이다. 부모의 질문은 아이의 뇌를 자극하고 생각하도록 만든다. 어떤 질문을 하느냐에 따라 어떻게 생각할지가 정해진다. 그리고 어떻게 생각할지는 어떻게 느낄지를 결정한다. 아이가 문제를 틀렸을 경우 "왜 틀린 거야?"라는 질문은 아이로 하여금 틀린 이유를 찾도록 한다. 이래서 틀렸고, 저래서 틀렸다는 사실들을 끄집어내는 과정에서 아이는 위축되고 자책한다. 결론은 '나는 바보 멍청이야'에서 나아가 '나는 뭘 해도 안 되는 놈'에 이를 수도 있다. 만약 자녀가 좀 더 성장하기를 바란다면 질문을 바꿔야 한다. "어떻게 하면 같은 실수를 반복하지 않을까?", "너는 상황이 어떻게 변했으면 좋겠어?", "그렇게 하려면 지금 네가 할 수 있는 게 뭘까?"라는 질문은 어떤가? 아이는 이 질문을 받는 순간 방법을 모색하게 된다. 따라서 부모는 질문을 통해 자녀가 일상에서 긍정적이고 낙관적으로 생각할 수 있도록 도와야 한다. '현재 당면한 문제'가 아니라 '나아진 미래'에 초점을 맞추도록 하라.

친구들이 왜 너랑 안 놀아주는 것 같아?

➡ 친구들과 함께 놀기 위해서는 어떻게 하면 좋을까?

왜 늦은 거야?

➡ 다음에 제 시간에 맞춰서 오려면 어떻게 하면 좋을까?

넌 매번 이렇게 우울하니?

➡ 어떻게 하면 기분이 좀 더 나아질까?

질문은 한 사람의 인생을 끌고 간다. 질문은 답을 찾도록 하며 호기심을 불러일으키고 이는 궁극적으로 내적 동기가 된다. 아이에게 평생 질문을 갖게 하라. 그러면 아이는 질문에 대한 답을 찾아 열정과 노력을 쏟을 것이다.

질문과 아울러 아이의 낙관성을 키워줄 수 있는 방법은 '하루에 한 번 생각 바꾸기'가 있다. 참고로 이 문장은 HD행복연구소 최성애 박사의 '다행일기'에서 일부분을 발췌한 것이다. 아래의 문장에서 빈칸을 채워보자.

비록 (   )지만, (   )라서 다행이다

이 활동을 실제 해보면 다양한 문장이 나온다.

나는 비록 (어리)지만, (아직은 꿈을 꿀 수 있어서) 다행이다.
나는 비록 (운동 신경이 부족)하지만, (몸이 건강해서) 다행이다.
나는 비록 (부족한 엄마)지만, (부모 교육을 배울 수 있어서) 다행이다.

이 문장을 하루에 한 번 아이와 함께해보자. 다소 억지스럽고 인위적이라는 생각이 들지만, 꾸준히 반복적으로 하다 보면 생각 패턴이 바뀌는 걸 깨닫는다. 뭐든 억지스러운 것을 익숙하게 만드

는 것이 훈련이다. 아이에게 권하기 전에 부모 먼저 실천해보자. 부모가 긍정적인 사고패턴을 갖게 되면 아이의 긍정성을 찾아내는 게 쉬워지고 이는 결과적으로 아이의 낙관성을 길러준다.

한 고등학교 집단상담에서 만난 형민의 이야기다. 형민은 매사에 의욕이 없고 뭐든 귀찮아했다. 다른 친구들과 '생각 바꾸기'를 할 동안 멀뚱히 바라만 보면서 단 한 번도 제대로 참여하지 않았다. 그렇게 절반의 회기가 지날 무렵, 하루는 종이에 뭔가를 적어서 내민다.

'나는 비록 공부를 못하지만, 맑은 하늘을 볼 수 있어서 다행이다.'

무뚝뚝하지만 살짝 떨리는 목소리로 이 문장을 읽던 형민의 표정을 잊을 수가 없다. 그날 아침 등교하는 중에 무심코 하늘을 올려다보는 순간 가슴에 전율을 느꼈다고 한다. 이후 남은 회기 동안 형민의 태도는 알게 모르게 미세하게 달라졌다.

아이가 무엇에 흥미를 느끼는지
관심 가져보세요

Q1

초등학교 4학년 아들이 있습니다. 주변에서는 벌써 중학교에 대비해서 선행 학습에 열을 올리는데 저희 아들은 아무 생각이 없어 보여 불안합니다. 선행 학습을 시키는 게 좋을까요?

A1

사춘기 부모들의 고민 중 하나가 바로 선행 학습이지요. 주변에서 몇 년을 앞당겨 선행학습을 한다는 말을 들으면 조급해지는 게 당연지사입니다. 심한 경우 몇 년을 앞서는 선행을 하는 경우도 간혹 봅니다. 초등학교 저학년 아이가 중학교 수학을 풀고 있는 걸 보고 놀란 적도 있지요. 교육평론가 이범씨는 많은 부모들이 '학부모'와 '부모' 사이에서 정신분열을 겪는다고 말합니다. 중요한 건 지금 우리 아이의 자존감입니다. 지금 하고 있는 '그 일'이 만족스럽고 충분히 할 만한 수준이면서 자율적이고 주도적으로 끌어갈 만한 것이라면 괜찮습니다. 그러나 그렇지 못하다면 생각해봐야 할 일입니다. 공부 자존감을 키우고자 하는 선행 학습이 오히려 아이의 자존감을 갉아먹기도 합니다.

저는 개인적으로 수업 직전 예습 정도면 충분하다고 봅니다. 예습과 선행 학습은 엄연히 다릅니다. 그런데도 많은 부모들은 이 둘을 혼동하기도 하지요. 이해하기 쉽게 영화에 비유해볼까요? 예습은 영화를 홍보하기 위한 1분 30초에서 2분 분량의 '예고'에 비유할 수 있습니다. 짧지만 이 예고에는 많은 것이 담깁니다. 영화 〈광해〉의 예고 영상을 예로 들어볼게요. 이 예고에서는 시대 배경이 조선시대 광해군 때라는 사실이 나옵니다. 그리고 왕이 둘이라는 것, 둘의 성향이 전혀 다르다는 것 정도가 나오지요. 예고를 보면서 어떤 궁금증이 드나요?

'왕이 둘이라고?'

'어떻게 그게 가능하지?'

'어떻게 왕이 둘이 되었을까?'

'그렇다면 우리가 아는 광해군은 그 중 누구인거야?'

'두 왕의 정치 성향은 어떻게 다르지?'

'두 왕의 운명은 어떻게 되었을까?'

이제 극장에서 한 자리를 잡고 3시간 분량의 영화를 봅니다. 이때 여러분은 위 질문들에 대한 답을 찾기 위해 움직임도 없이 영화 속으로 빠져들 것이 분명합니다.

이처럼 예습은 짧은 시간 중요한 핵심만 간단하게 짚고 끝납니다. 예습을 하는 동안 우리 뇌는 여러 가지 질문을 만듭니다. 두뇌는 질문이 만들어지는 순간 질문에 대한 답을 찾기 위해 모든 에너지를 동원합니다. 예습을 한 아이는 집중해서 수업에 참여합니다. 그러나 그렇지 않은 아이는 몸은 교실에 앉아 있어도 정신은 먼 곳에 가 있기 마련이지요.

반면에 선행은 3시간 분량의 영화를 2배속 또는 3배속으로 보는 걸 말합니다. 다시 말해 KTX 속도로 훅 지나가버립니다. 2배속으로 본 영화를 아이는 얼마나 이해할까요? 문제는 이해했는지의 여부와는 상관없이 '영화를 다 봤다'라고 믿는 데 있습니다. 이 경우 수업 중에 선생님이 다시 한 번 설명하는 이론은 지루하기 짝이 없습니다. 이미 빠른 속도로 본 영화를 수업 중에 느릿느릿한 속도로 다시 상영하는 것과 같지요. 이미 다 아는 (실제로는 안다고 착각하는!) 내용에 집중하기는 어렵습니다. 하품과 함께 책상에 엎어지기 마련이지요.

물론 아이에 따라서 선행이 필요한 경우가 있습니다. 아이의 인지 능력이 남달라서 영재성이 있다면 아이의 속도에 맞도록 선행이 필요합니다. 참고로 수학의 경우는 선행을 하는 게 필요할 수도 있습니다. 학년이 올라갈수록 어려워지기 때문에 아이에게 자신감을 충전시키기 위해서라도 간단하게 한 학기 정도 또는 1년 정도 선행하는 것은 도움이 됩니다. 그러나 몇 년씩이나 앞서는 선행은 권하지 않습니다. 선행을 할지 말지 결정하기에 앞서 먼저 아이의 학습 정도나 인지 능력 등을 살펴보시길 권합니다.

선행과 상관없이 예습은 중요합니다. 공부할 내용을 미리 살펴보고 수업에 참여하는 것과 뭘 배울지에 대한 아무런 기초 지식이 없이 수업에 참여하는 것은 천지차이입니다. 특히 우리 아이가 주의산만하거나 생각이 어디로 튈지 모르는 아이라면 예습은 더욱 중요합니다. 배울 내용을 미리 훑어보게 되면 수업 중에 딴 생각이 줄어들기 때문입니다. 예습은 어렵지 않아요. 딱 1분이면 충분합니다. 수업 시작 전 교과서를 펼쳐서 목차를 살핀 다음 단원 목표를 읽어봅니다. 그리고 교과서에 나와 있는 굵직한 글씨나 그림이나 도표 등을 봅니다. 그걸로 끝입니다. 여기까지 하면 1분이 걸리지 않습니다. 오늘부터 예습하리라 굳게 마음 먹고 20분 이상을 책을 펼쳐서 단원을 읽어보는 건 금물입니다. 예습의 주요 목표는 흥미를 불러일으키고 주의를 집중시키는 데 있다는 걸 잊지 마세요.

Q2

유튜브에 푹 빠진 중학교 1학년 아들이 커서 유튜브 크리에이터가 되겠다고 합니다. 공부를 하고 싶지 않아서 저러는 것 같아 못마땅하고 불안하기만 합니다. 이럴 때는 어떻게 해야 좋을까요?

A2

사춘기가 되어 부모와 진로 문제로 부딪히는 경우를 종종 봅니다. 많은 경우 부모가 원하는 것과 아이가 하고 싶어 하는 것이 일치하지 않아서 겪는 갈등이지요. 실제 갈등의 골이 깊어져 상담에 오기도 합니다.

일단 아이의 의견을 묵살하거나 비웃는 건 금물입니다. 아이가 어느 정도 심각하게 구체적으로 구상하고 있는지에 대해서 살펴볼 필요가 있습니다. 사춘기 때는 이것저것 해보고자 하는 경향이 강해서 일시적인 관심일수도 있습니다. 어떤 경우든 아이가 관심을 보이는 것이라면 비난하지 말고 아이의 말에 귀를 기울여 주세요. 그 곳에 바로 아이의 열정이 숨어 있습니다.

아이의 진로와 관련해서 부모님들이 고려해봐야 할 사항들입니다. 첫째는 아이가 하고자 하는 일이 정말 아이의 관심과 일치하는지의 여부입니다. 좋아하고 관심 있는 일을 할 때 만족도가 높습니다. 관심과 열정이 넘친다 하더라도 실질적인 경험이 뒷받침되지 않으면 의미가 없지요. 아이가 하고자 하는 일을 실제 경험해보도록 도와주시는 게 좋습니다. 생각과 실질적인 경험은 다를 수 있습니다. 그 일을 직접적으로 해봤을 때 관심이 사라지거나 또는 다른 일로 관심이 옮겨갈 수도 있지요. 무엇보다 꾸준하게 기술을 연마시킬 준비가 되었는지도 점검해볼 필요가 있습니다. 유튜브 크리에이터라고 하더라도 다루는 분야는 굉장히 다양합니다. 구체적으로 어떤 콘텐츠를 진행하고 싶어 하는지, 그래서 그 분야에서 자신의 역량을 어떻게 키워가고 있는지, 그리고 영상을 편집하는 기술 등에 대해서 얼마나 알고 준비 중에 있는지 아이의 청사진을 확인해보세요. 아이로 하여금 유튜브 크리에이터가 되기 위해서는 어떤 걸 준비해야 하는지 직접적으로 정보를 수집해 보도록 해보세요.

그러나 무엇보다 왜 그 일을 하고 싶어 하는지 물어보세요. 앞서 상위 목표에서도 다루었습니다만, 아이의 궁극적인 가치가 무엇인지 확인하는 게 필요합니다. 사춘기는 구체적인 직업을 정하기보다는 여러 고민과 경험이 필요한 때이지요. 유튜브 크리에이터가 되어서 어떻게 살고 싶은지를 물어봐야 합니다. 언제든 부모는 아이의 의견을 존중해야 합니다. 부모가 자신을 존중할 때 아이도 부모에게 마음을 엽니다. 부모는 아이에게 다양한 정보를 제공하고 충분히 고민해보도록 지지하고 격려해야 합니다. 무엇보다 직업과 관련해서는 부모의 고정 관념을 깨는 게 중요합니다. 앞으로 아이들이 살아갈 미래 사회는 한 가지 직업만이 아니라 한 사람이 여러 개(심지어는 수십 개)의 직업을 가지게 될 것이라 합니다.

부모 세대에서 각광을 받던 직업들이 우리 아이들이 살아갈 미래 사회에서는 어쩌면 사라질 수도 있지요. 부모 세대 때 일명 '삐삐'라고 불리는 무선 호출기를 요긴하게 사용했다 하여 21세기 우리 아이에게 무선 호출기를 권할 수는 없는 것과 같습니다. 시대가 달라짐에 따라 요구되는 인재도 변하고 있다는 사실을 잊지 말아야 합니다. 부모는 자신의 가치를 아이에게 강압적으로 주입시키는 대신 아이가 미처 보지 못하는 각도에서 다양한 생각을 자극해주어야 합니다. 아이를 끌어주는 게 아니라 아이와 함께 진로를 탐색하고 고민해야 합니다. 그 중심에는 반드시 아이가 있어야 합니다. 언제나 선택은 아이의 몫으로 남겨두세요. 아이 스스로 무엇을 할 때 가장 행복하고 즐거운지를 찾아야 하고, 그 가운데 답이 있습니다.

Q3

중학생인 아이가 아직까지도 꿈이 없다고 말합니다. 되고 싶은 것도 하고 싶은 것도 없다고 말하는 아이를 볼 때마다 걱정도 되고 한심하기도 하고, 어떻게 하면 좋을까요?

A3

답변에 앞서 먼저 부모님께 질문하고 싶습니다. 우리 부모님은 중학교 시절 미래에 무엇이 되어서, 어떻게 살고 싶은지에 대한 선명한 꿈이 있었나요? 지금 그 꿈을 실현하면서 살고 있나요? 아마 그런 분도 있겠지요. 그러나 거의 대부분의 부모님들은 그때 그 시절은 별 생각이 없었다고 대답합니다. 우리 때의 중학교를 돌아보면, 머리는 엄청 무거울 정도로 생각이나 고민은 많았지만 '이게 답이다'라고 할 만한 것은 없었지요.

마찬가지입니다. 이제 갓 중학생이 된 우리 아이에게 십 년 후, 이십 년 후 목표를 당장 생각하라는 건 무리입니다. 그중에는 이미 명확한 목표를 설정하고 목표를 향해 매진하는 아이들도 있습니다. 그러나 많은 아이들은 여전히 뭐가 뭔지 모르는 혼란 속에서 방황하고 있지요. 지극히 정상입니다.

꿈이 없는 아이, 한심하다고 몰아붙이지 마세요. 꿈은 오랜 고민과 방황과 경험의 산물입니다. '꿈 나와라 뚝딱!' 하면 나타나는 게 아닙니다. 하루 종일 부모가 짜준 스케줄대로 이리저리 휘둘리는 아이에게 꿈까지 꾸라는 건 어쩌면 고문일 수도 있습니다. 책상에 앉아서 공부를 하거나 게임을 하는 게 전부인데, 꿈을 어떻게 꾸라는 걸까요? 공부가 너무나 재미있어서 박사가 되고 연구를 하고 싶으면 몰라도, 대부분은 프로게이머가 되겠다고 선언합니다. 왜냐하면 하고 있는 일 중 게임이 가장 재미있고 흥미 있기 때문이지요. 그나마 게임에서도 흥미를 느끼지 못하면 그야말로 꿈도 생각도 없는 아이가 되어버립니다. 그래서 간혹 아이의 꿈까지 대신 꿔주는 부모도 있지요.

자녀가 아무 생각이 없어서 고민이라면, 생각할 만한 환경을 만들어주세요. 무엇이든 부딪치고 경험하는 과정에서 생각은 자랍니다. 자녀가 할 만한 것들을 함께 찾아서 해보도록 하세요. 부모가 함께할 수 있으면 더 좋겠지요. 도서관에 가서 책을 읽거나 주기적으로 서점에 가는 것도 좋습니다. 아이들이 실질적으로 경험하지 못하는 것들은 책 속에 고스란히 담겨 있으니까요. 함께 영화를 보거나 전시회를 관람할 수도 있겠지요. 하다못해 근처 하천이나 산책로를 함께 걷는 것만으로도 도움이 됩니다. 움직이는 과정 모두가 아이에게는 경험이 되니까요.

지금 아이는 꿈이 없는 게 아니라, 아직 꿈을 찾는 과정입니다. 없다고 단정 지으면 한심하지만, 찾고 있다고 여기면 뭐든 도와줄 마음이 생기겠지요.

Q4

초등학교 5학년 남자아이입니다. 하루에 두세 시간 게임을 합니다. 게임에 한 번 빠져들면 숙제는 물론 간혹 학원 시간도 잊어버릴 정도입니다. 아무래도 중독인 것 같은데 어쩌면 좋을까요?

A4

부모가 게임하는 아이를 불안하게 바라보는 이유는 게임에 대한 부정적인 정보를 많이 접했기 때문입니다. 우리는 잘 모르는 것에 대해 막연한 두려움을 느낍니다. 게임에 빠진 아이를 돕기 위해서는 일단 가장 먼저 게임에 대해서 제대로 이해하는 게 필요하고, 그 다음으로는 게임에 빠진 아이의 마음을 이해하는 게 중요합니다.

불과 몇 년 전만 해도 게임중독의 위험성을 경고하며 아이를 게임으로부터 지켜내야 한다는 캠페인을 수시로 접했지요. 이러한 캠페인은 많은 부모들을 태산 같은 걱정 속으로 몰아갔습니다. '우리 아이가 중독되지나 않을까?' '저러다 폭력적으로 변하지 않을까?' 물론 게임에는 위험성도 분명히 있습니다. 그러나 이제는 게임에 대한 새로운 시각이 필요하다는 주장이 제기되고 있습니다. 코로나로 인한 비대면 사회는 학교와 직장, 모임 같은 우리의 일상을 180도로 바꾸어놓았습니다. 특히 4차 산업 혁명 시대는 온라인과 오프라인의 경계가 허물어지고 있지요. 그 변화의 심장에서 게임 산업은 날로 성장하고 있습니다. 2020년 미국 조 바이든Joe Biden 대통령은 '모여라 동물의 숲'이라는 게임을 이용해 선거운동을 펼쳤지요. 또한 전 세계적으로 K-Pop을 널리 알린 방탄소년단BTS는 2020년 9월 다이너마이트의 안무 버전 뮤직비디오를 '포트나이트Fortnite'라는 게임에서 최초 공개했습니다. 이제 게임은 게이머들만의 폐쇄된 공간이 아니라 파급력 있는 공간이 되었습니다. 따라서 게임을 바라보는 부모들의 시선에도 변화가 필요합니다. 특히 게임 때문에 자녀와 갈등이 심각하다면 부모부터 게임에 대해서 알아보세요. 게임에 대해서 자료를 찾아보시고, 게임이 어떤 방식으로 만들어지고 응용되는지에 대해서 대략의 원리를 살펴보세요. 아는 만큼 두려움은 줄어듭니다. 모르는 건 아이에게 적극적으로 물어보세요. 부모에게 가르쳐주면서 아이는 유능감을 경험합니다. 또한 미래 게임 산업이 다른 산업과 어떤 식으로 협업이 될지 함께 고민해보세요. 아이의 진로에 도움이 될 수도 있습니다. 인정하고 싶지 않지만 시대는 변했습니다. 예전에는 골목이나 놀이터에서 뛰어놀던 부모세대의 놀이들이 이제 게임 속에서 펼쳐집니다. 해질녘까지 놀이에 푹 빠져서 숙제를 잊고 학원을 빼먹던 건 부모와 크게 다를 바 없지요.

다음은 게임을 하는 아이의 마음입니다. 자율과 독립을 추구하는 사춘기 아이들에게 게임만큼 유혹적인 건 없지요. 처음부터 끝까지 자신이 모든 걸 통제해야 하는 공간이자 하고 싶은 대로 마음껏 할 수 있는 곳이 바로 게임세상입니다. 게임하는 모습은 똑같지만, 게임을 하는 이유는 아이마다 다릅니다. 레벨을 올리고 아이템을 모으면서 인정받고자 하는 아이, 친구들과 어울려 함께 시간을 보내는 게 중요한 아이, 새롭고 신기한 경험 자체를 즐기는 아이 그리고 싸움이나 대결에서 이김으로써 자신의 힘을 과시하고자 하는 아이 등 다양합니다. 즉, 현실에서 채워지지 않는 욕구를 충족시킬 수 있는 것 중 게임만한 것은 없습니다. 현실과 달리 게임은 들인 시간과 노력에 대한 결과가 눈에 바로바로 나타나니까요. 부모라면 적어도 게임하는 아이의 마음에 귀를 기울여야 하는 이유입니다. 이제는 무조건 "게임 그만해"가 아니라 게임 속 아이의 캐릭터에 관심을 가져보세요. 아이의 게임유형이나 게임레벨 그리고 수행하는 역할 등을 알아보세요. 그 속에서 아이가 어떤 경험을 하는지 아는 게 중요합니다. 이는 부모와 아이의 소통 창구가 될 수 있습니다.

중요한 것은 게임에 과의존하는 것을 막고 현실에서도 적당히 활동할 수 있도록 균형 잡힌 생활태도를 키워주는 것이지요. 이때도 무작정 아이를 비난하거나 컴퓨터를 꺼버리는 건 효과가 없습니다. 오히려 사춘기들의 반항과 저항을 부추기게 되지요. 《게임세대 내 아이와 소통하는 법》의 저자이자 문화사회심리학자인 이장주 교수는 게임을 하지 못하게 하는데 초점을 맞출 게 아니라 지금 아이가 해야 할 것에 초점을 맞추는 게 중요하다고 말합니다. 사실 게임을 하지 않는다고 아이가 공부를 하지는 않지요. "게임 당장 그만해"보다는 "지금은 OO을 했으면 좋겠어"라는 말이 더 효과적입니다. 사춘기에게는 명령이나 지시보다는 요청이 적절합니다. 따라서 "네 선택이야. 너에게 가장 도움 되는 선택을 하길 바라"라는 말이면 충분합니다. 연구에 따르면, 선택의 권리가 아이에게 있다는 이 말 한 마디를 붙일 경우 요청을 들어준 사람이 4배나 늘었다고 합니다. 마지막으로 아이가 해야 할 것과 자유시간을 어떻게 사용할 것인지를 구분하셨으면 합니다. 아이에게 주어진 자유시간 만큼은 아이 스스로 무얼할지 선택하도록 하는 건 어떨까요?

5장

부모 자존감,
아이를 위해 점검하고 돌본다

부모 자존감을
확인해보는 시간

부모는 자신이 가지지 못한 걸 자녀에게 줄 수는 없다. 내가 배운 적이 없는 걸 자녀에게 가르치는 건 불가능하다. 자신을 사랑할 줄 모르는 부모가 자녀에게 자신을 사랑하는 법을 가르치는 건 어불성설이다. 자녀의 자존감을 키우기 위해서 "너 자신을 사랑하라"고 백날 얘기해봤자 소용이 없다. 부모 스스로 자신을 사랑하는 방법을 보여주는 것이 가장 효과적이다.

그렇다면 부모 자신의 자존감을 어떻게 확인할 수 있을까? 앞서 1장에서도 밝힌 바 있지만, 자존감은 우리의 생각, 감정, 행동 양식에 고스란히 묻어난다. 사춘기 자녀가 문제 상황에 직면했을

때, 부모마다의 반응 양식은 천차만별이다. 부모마다 자존감 수준
이 다 다르기 때문이다.

⚘ 나의 자존감은 어디쯤일까?

우리 아이가 학교에서 말썽을 부렸다는 선생님의 전화를 받았
다. 이럴 경우 여러분이라면 어떤 생각이 가장 먼저 들까? '아, 또
시작이네. 얘는 허구한 날 이렇게 말썽을 부리는 거야. 지겨워 정
말!'이라는 생각에 사로잡히는 부모가 있다. 이들은 앞뒤 따질 것
도 없이 흥분을 하며 아이를 비난하기 바쁘다. 나아가 닥친 상황
을 비관적으로 바라본다. 한숨이 쏟아지고 앞이 막막하다. 반면
에 '우리 아이한테 무슨 일이 생긴 거지?'라는 생각을 하는 부모
도 있다. 이들은 일단 상황을 파악하고자 노력한다. 내가 모르는
이유가 있을 거라 믿는다. 그래서 되도록 객관적인 시각을 갖기
위해 애쓰며, 무엇보다 자녀의 이야기에 귀 기울인다. 비난하기에
앞서 이해하고자 노력한다.

부정적인 생각에는 부정적인 감정이 신발짝처럼 항상 붙어 다
닌다. '아이 때문에 도대체 살 수가 없어'라는 생각은 부모를 화나
게 만들거나 때로는 우울하게 만든다. '나처럼 자식 복이 없는 사

람이 또 있을까?'라는 생각이 꼬리에 꼬리를 물고 점점 더 격한 감정 상태로 몰고 간다. 되는 일이라고는 하나도 없고, 모든 게 나에게 적대적이라 여겨진다. 심지어는 자기 자신에게도 비난의 화살이 날아든다. 아이의 문제는 곧 나의 문제라는 생각에 좌절한다. 이는 부모로서 아무것도 제대로 할 수 없도록 만든다. 부모의 도움이 절실히 필요한 아이들은 부모의 이런 태도에 실망한다. 부모가 오히려 문제를 부풀리고 있다. 부모도 자녀도 문제 해결로는 한 발자국도 못 간 채 그저 낙담하고 절망한다.

그러나 상황을 긍정적으로 보는 부모는 다르다. 일단 객관적으로 상황을 파악하고자 노력하는 가운데 아이 존재에 집중하게 된다. 아이를 비난하기보다는 부모가 모르는 이유가 있다고 여긴다. 그래서 감정적으로도 균형을 잃지 않는다. 약간 불안하기는 하지만 그 감정에 매몰되지는 않는다. 불안한 게 당연하다고 여기며 감정을 있는 그대로 수용한다. 이럴 경우 불안은 더 이상 증폭되지 않는다. 이들은 아이를 돕고자 하는 일념으로 일어난 사건에만 집중한다. 문제 해결을 위해 아이와 함께 고민한다. 부모가 도울 일이 있다고 판단이 될 때는 적극적으로 나선다. 결과에 대해 두려워하지 않으며, 지금 현재 할 수 있는 것에 최선을 다한다. 자녀는 이런 부모의 태도를 보며 많은 것을 배운다. 부모에 대한 신뢰가 쌓여 어떤 문제 상황이라도 부모에게 가장 먼저 달려온다.

두 부모의 차이는 어디에서 오는 걸까? 바로 자존감이다. 자존감이 높은 부모와 낮은 부모는 이처럼 자녀와의 관계에서도 확연한 차이를 보인다. 부모 자신의 자존감에 문제가 있을 때 자녀와의 관계에서도 어려움은 배가 된다. 부모 자신의 문제와 자녀의 문제를 분리하기가 어렵다. 또한 자신 안에 심리적·정서적 자원이 고갈되어 적극적으로 나서지도 못한다.

그렇다면 여러분의 자존감은 어떤가? 자녀의 자존감을 이야기하기에 앞서 부모 자신의 자존감을 점검해보는 게 먼저다. 1장부터 4장까지의 내용에서 주어를 자녀가 아니라 '나'로 바꿔서 읽어보라. 그렇게 읽다 보면 자신의 자존감이 어디서부터 잘못되었는지 깨닫게 된다. 대체로 상담과 교육에서 만나는 많은 부모들은 어린 시절 양육자와의 뒤틀린 관계 속에서 자존감이 꼬이기 시작한다.

어린 시절의 상처가
나를 괴롭힐 때

"아유, 6·25 때의 난리는 난리도 아닌 것 같아요. 사춘기 놈들과 함께 산다는 건 전쟁이에요. 전쟁!!"

그랬더니 옆의 어머니가 맞장구친다.

"그러게요. 우린 전생에 나라를 팔았나 봐요."

이런 농담은 그래도 웃으며 넘길 수 있다. 사춘기 부모들을 만나는 강의나 상담에서는 유난히 눈물을 보이는 부모를 많이 본다. 막다른 길목에서 이러지도 저러지도 못하고 그저 시간이 가기를 바랄 뿐이다.

❧ 세 어머니의 이야기

누구나 상처를 안고 살아간다. 어쩌면 태어나는 순간부터 살아가는 과정 자체가 상처받는 과정이 아닐까? 문제는 부모가 되지 않으면 모르고 살아갈 수도 있다는 데 있다. 부모가 되어 자녀를 키우는 과정에서 상처는 불쑥불쑥 되살아난다. 여기 상처받은 세 어머니의 이야기가 있다.

① 지율 어머니

중학교 2학년 지율은 학교에서 일짱으로 통했다. 상담을 하는 중에도 학교 담벼락을 뛰어넘다가 다쳐서 다리에 깁스를 해야 했다. 수업이 지루해서 학교에서 도망 나와 쇼핑을 가려던 참이라고 말한다. 지율은 이미 초등학교 때부터 술과 담배를 시작했으며 이제는 거의 과의존 상태다.

여성가족부의 조사에 의하면 초등학교 4학년 이상의 청소년들의 경우 음주 경험률은 28.3퍼센트이고 흡연 경험률의 경우 8.7퍼센트. 주로 친구 또는 선배로부터 술, 담배를 배웠으며 직접 구매하는 경우가 26.9퍼센트, 타인에게 부탁해서 구매하는 경우가 20.8퍼센트로 나타났다. 술이나 담배의 경우 성인 여부를 확인하도록 법적으로 규제하고 있기 때문에 중학생 아이가 직접 구매하기는 어렵다. 지율의 경우 주로 선배들에게 부탁하거나 옳지 않은 방법으로 구매를 하고 있었다. 이를 안 엄마는 아예 딸에게 직접 술과 담배를 구입해서 갖다 주었다. 이는 엄연히 불법이다.

"어차피 이 동네 아이들 대부분은 다 하고 있어요. 내가 못하게 해도 걔네들이 알아서 어떻게 해서든 마시고 피울 텐데, 차라리 직접 사서 주는 게 안전하지 않을까요?"

지율 어머니의 이 말에 할 말을 잃고 잠시 멍했던 기억이 아직도 선명하다.

경훈 어머니와 고등학교 1학년 경훈은 진로 문제로 갈등의 골이 깊다. 경훈은 학교생활에 적응을 못하고 어쩌다 학교에 가더라도 잠만 자다 오기 일쑤다. 이제는 가출까지 일삼는다. 경훈은 학교를 왜 다녀야 하는지 도무지 모르겠다. 학교에 있는 동안 시간을 쓰레기통에 쑤셔넣는 느낌이다.

교과 과정뿐 아니라 친구관계에서도 그다지 흥미를 못 느낀다. 경훈이 관심 있어 하는 것은 다름 아닌 미용이었다. 지금부터라도 미용 기술을 배워서 국내 최고의 미용사가 되겠다는 포부가 있다. 문제는 엄마다. 엄마는 아들의 이런 마음을 전혀 이해하지 못할뿐더러 이해할 마음이 눈곱만큼도 없다. 어떻게 해서든 번듯한 대학에 보내는 게 엄마의 일생일대 목표다. 하루하루 경훈과의 갈등에 지쳐가면서도 이 목표는 절대로 놓을 수가 없다.

경훈 어머니에게는 학업중단숙려제를 안내하고 갖가지 다양한 프로그램을 안내해도 막무가내다. 학업중단숙려제는 학업중단 위기에 있는 학생들이 일정 동안 학교와 전문기관에서 제공하는 숙려제프로그램에 참여할 수 있는 제도다. 즉 2주에서 7주가량의 다양한 프로그램, 예를 들어 심리진로 상담이나 인성진로 캠프 또는 직업 체험 등에 참여하여 자신의 문제에 대해 심사숙고할 수 있도록 돕는 과정이다. 물론 이 기간에는 출석으로 인정이 된다. 이 외에도 아이가 학교에 적응을 어려워하는 경우 아이들을 지원하는 프로그램들은 많다.

아들의 절망감은 갖가지 반항이나 가출 등의 문제 행동으로 불거지고 있지만 경훈 어머니는 진로에 있어서만큼은 대나무처럼 완고하다. 정규 교과과정을 잘 수행해서 무리 없이 대학에 들어가야 한다는 목표에서 한 치도 물러서지 않는다. 이런 어머니 앞에서 경훈의 꿈은 거대한 파도에 휩쓸리는 작은 모래알에 불과하다. 경훈은 늘 숨이 막힌다. 엄마의 눈빛만 봐도 소름이 돋는다. 심지어 꿈속까지 찾아와 자신의 목을 조르는 엄마를 견딜 수가 없어서 가출을 한다고 털어놓는다.

③ 현태 어머니

"살려주세요! 아이가 너무 무서워요!"
현태 어머니는 작은 방 창문을 열고 밖을 향해 고래고래 소리를 지른다. 중학교 1학년 현태는 등교준비를 하다가 느닷없이 방문을 가로막고 서서 엄마를 노려보며 언성을 높이는 중이다. 현태의 앞에는 잔뜩 겁을 먹고 오들오들 떨고 있는 엄마가 있다. 변성기를 지나는 현태의 굵고 투박한 목소리가 높아질수록 숨을 쉬기 어려울 만큼 공포가 덮쳐온다. 견디기 어려운 지경에 이르면 심지어 경찰을 부른다. 아이로서는 자신의 의사를 강하게 어필했을 뿐이었는데 엄마의 과도한 반응은 이해하기 어렵다. 이렇게 거의 매일을 현태 어머니는 공포와 싸우고 있다.

☙ 상처가 대물림되지 않으려면

부모가 되는 순간 심연 깊숙이 눌러놨던 상처들이 온갖 얼룩진 형태로 떠오르기 시작한다. 특히 사춘기 자녀는 부모에게 아픈 자극이다. 그들은 의도하지 않게 부모 안의 흉물스러운 상처를 들춰낸다. 같은 문제라도 부모의 심리 상태에 따라 확연히 다르게 다가온다. 때때로 문제의 일부는 부모에게로 옮겨간다. 어린 시절 사랑과 인정, 관심을 제대로 받지 못해 생긴 마음의 구멍을 엉뚱한 대상에게서 채워가려고 한다. 이처럼 많은 부모는 자신의 문제를 마치 아이의 문제인양 착각하면서 잘못된 방식으로 처리하려 든다.

여기 3명의 어린 아이들이 있다. 어린 시절 부모로부터 제대로 돌봄을 받지 못해서, 충분히 사랑받지 못해서 상처받은 세 어머니들의 이야기를 다시 한 번 들어보자.

> **① 지율 어머니**
>
> 지율 어머니의 부모님은 지율 어머니가 학교도 들어가기 전 이혼을 했다. 부모님의 이혼 후 버려진 지율 어머니는 할머니 댁으로 보내졌고, 이후 고등학교 때까지 할머니 손에서 자랐다. 건강이 좋지 않은 데다 오랜 시간 시집살

이로 고달팠던 할머니는 몸과 마음이 지쳐있었고 지율 어머니는 할머니에게 또 하나의 '짐 덩어리'가 되었다. 대가족이 모여 사는 집에서 지율 어머니는 존재 자체를 숨기고 살아야만 했다. 꿔다 놓은 보릿자루 마냥 그렇게 십 년이 훌쩍 넘는 세월을 보내는 동안 지율 어머니는 자신을 지워가는 연습을 하고 있었다. 어떤 경우라도 목소리를 내는 일이 없었다. 그저 묵묵히 상황을 받아들이고 이해하면서 그렇게 세월을 견뎌내고 있었다. 초등학교 6학년 때는 친구들과 노는 중에 1층 높이의 건물 위에서 떨어지는 사고를 당했다. 한동안 기절을 할 정도로 큰 사고였지만 아무에게도 말할 수가 없었다. 아픔은 그저 지율 어머니만의 몫이었다. 감히 병원을 데려가 달라 말할 수도 없었다. 문제를 일으키면 안 되는 존재였기에 그렇게 골절이 된 뼈는 제대로 치료받지 못한 상태에서 뒤틀렸다. 그래서 쉰이 넘은 지금도 허리 통증으로 고생이 심하다.

② 경훈 어머니

경훈 어머니의 어린 시절은 늘 억울하고 서러웠다. 부모의 모든 관심과 혜택은 세 살 위 오빠에게 쏠렸다. 머리가 좋아서 공부도 제법 잘했지만, 부모에게 경훈 어머니는 있으나 마나 한 딸에 불과했다. 학교에서 1등을 해도, 백일장에서 상을 받아도 부모의 반응은 늘 시큰둥했다. 유독 자신에게만 차가운 부모에게 서운하고 서러웠지만, 마음 한편에서는 인정과 칭찬에 목말라했다. 밤새워 공부하고 코피를 쏟는 일도 허다했다. 그러나 집안 형편이 넉넉하지 못한 부모는 결국 오빠만 대학을 보내고 경훈 어머니는 그토록 원했던 대학교 진학을 포기해야 했다. 대학을 포기한 대가는 컸다. 직장에서도 고졸이라서 겪는 차별과 서러움이 있었다. 결혼을 할 때도 학벌의 장벽에 부딪혀야 했다. 그렇게 '짧은 가방끈'은 경훈 어머니를 내내 괴롭히고 있었다.

현태 어머니는 어린 시절 가정폭력이 만연한 환경에서 겨우 살아냈다. 집은 마치 정글 같았다. 매일 술에 빠져 살았던 아버지는 닥치는 대로 집기를 부수고 엄마를 때렸다. 가녀린 엄마는 온몸으로 아버지의 매질을 견뎌내다 결국 자식들을 버려두고 가출을 했다. 어머니의 가출 이후 아버지의 폭력은 자식들에게 무차별적으로 행해졌다. 거의 실신 직전까지 가야 끝나는 폭력은 현태 어머니가 고등학생이 될 때까지 이어졌다. 이후 아버지는 간암으로 돌아가셨다. 아버지는 돌아가셨지만 아버지가 할퀸 상처는 여전히 아물지 않은 채 현태 어머니를 고통스럽게 했다. 태어나서 지금까지 단 한 번도 제대로 사랑받아 본 경험이 없었다며, 이상적인 부모상이 없다 보니 아이에게 무얼 어떻게 해야 좋을지 잘 모르겠다고 토로했다.

어린 시절 방임된 지율 어머니도, 부모의 차별 속에서 온 몸으로 저항하던 경훈 어머니도, 폭력으로부터 자신을 지켜야 했던 현태 어머니도, 모두가 아물지 않은 상처가 있다. 이들은 약속이나 한 듯이 부모 자신의 상처를 자녀를 통해 치유하려고 한다.

어린 시절 상처까지는 아니지만, 때로 부모 안의 미해결된 과제는 자녀에게로 옮겨가 자녀를 괴롭히기도 한다. 이는 부모 자녀 간의 갈등을 증폭시킨다. 부모는 어떠한 경우라도 자신의 상처를 자녀로부터 분리해야만 한다. 부모 자신의 상처는 스스로 치유해야 한다. 부모가 자녀와 자신을 온전히 분리하지 못할 때 자녀의 성장을 방해하고 부모는 부모대로 상처가 깊어진다.

⚜ 자신과 자녀를 분리하라

부모가 된다는 것은 두 아이를 키우는 일이다. 하나는 눈앞에 살아 움직이는 내 아이, 다른 하나는 내 안에서 잔뜩 웅크리고 있는 '상처받은 어린 아이'다. 우리가 의식하지 못하는 사이, 이 두 아이는 서로 다투고 할퀸다.

앞서 현태 어머니의 경우를 들어보자. 어린 시절 술 취한 아버지의 무자비한 폭력 때문에 공포와 두려움에 떨어야했던 어린 딸은 더 이상 자라지 못한 채 성장이 멈춰버렸다. 겉으로 보기에는 중학생 아들을 키우는 부모이지만, 마음은 여전히 '겁에 잔뜩 질린 어린 아이'에 머물러 있다. 현태가 소리만 질러도, 방문만 쾅 닫아도 심장이 덜컹 내려앉는다. 어린 시절 와장창 깨지는 그릇들의 소리에도 공포에 떨어야 했던 엄마는, 현태의 과격한 행동 앞에서 여지없이 일곱 살 여자아이로 돌아가버린다. 혼자서는 아무것도 할 수가 없다. 무섭고 막막한 상황에서 그저 다른 누군가의 도움이 절실할 뿐이다.

그렇게 엄마는 경비아저씨를 찾고 경찰관을 부른다. 현태의 입장은 어떨까? 현태에게는 엄마가 필요하다. 힘든 상황에서 나를 이해하고 감싸줄 '어른 엄마'가 절실하다. 그러나 그럴 때마다 현태 앞에는 엄마가 아니라 공포에 질린 어린 여자아이가 등장한다. 현태로서는 당황스럽고 짜증이 날 수밖에! 현태는 엄마의 과한 행동이 연극이라고 생각한다.

"엄마는 항상 불리하면 오바하잖아요. 짜증나게시리!"

아주 어릴 때부터 온갖 구박 속에서 존재 자체를 숨기고 감춰야 했던 지율 어머니는 어떨까? 사람들 앞에 나서거나 자기주장을 한다는 건 상상도 할 수 없었다. 세월이 흘러 어른이 되었지만 지율 어머니 내면에 권위는 뿌리내리지 못했다. 눈치보고 순종적인 어린 아이만 존재할 뿐이다. 지율이 잘못된 행동을 하고 위험에 처해도 도무지 어떻게 도와야 하는지 알 수가 없다. 엄마는 언제나 문제 뒤에 꽁꽁 숨어서 숨소리조차 내지 않는다. 그럴 때마다 지율은 감당하기 버거운 문제 앞에서 언제나 혼자 내팽개쳐지는 기분이 든다.

경훈 어머니도 마찬가지다. 간절히 가고 싶었던 대학에 대한 미련을 경훈을 통해서 풀고자 했다. '번듯한 대학'은 경훈 어머니의 이루지 못한 꿈일 뿐 경훈과는 아무런 상관이 없다. 그러나 경훈 어머니는 여전히 경훈에게서 오버랩되는 자신을 지우지 못한 채 '서럽고 억울한' 아이가 되어 경훈을 괴롭히고 있었다. 내 안의 어린 아이의 목소리에만 귀 기울일 뿐 경훈이 호소하는 소리에는 귀를 닫아버렸다. 경훈으로서는 미칠 노릇이다.

부모 안에 충족되지 못한 욕구는 부모 자신이 채워야 할 부분이지 자녀가 책임져야 할 이유가 없다. 부모에게 부모의 인생이 있듯이 자녀에게는 자녀의 인생이 있다. 부모는 자신과 자녀를 분리해야 한다. 물론 쉽지 않다. 그러나 고단하고 힘든 여정이지만 해야 하는 일이다. 그래야 부모도, 아이도 행복할 수 있다.

현재를 살아가기 위한
내면 살피기

지금까지는 사춘기 자녀의 자존감에 대해 이야기를 했다. 믿고 싶지 않겠지만 자존감은 대물림된다. 자기 자신을 사랑하지 않는 부모를 보면서 자라온 자녀가, 자신을 존중하고 사랑하리라 기대하는 건 어불성설이다. 자녀는 부모의 뒷모습을 보고 배운다. 부모가 하는 말보다 부모가 살아가는 모습을 보며 세상을 배워간다. 우리 아이가 자신을 사랑하고 수용하기를 바란다면 부모 스스로 자신을 사랑하고 수용할 수 있어야 한다. 그래서 부모 자존감부터 먼저다.

🌿 내 안의 상처 드러내기

치유를 하기 위해서는 진단이 먼저 되어야 한다. 내 안의 상처를 정확히 알아야 거기에 적합한 치유 방법을 적용해볼 수 있다. 살아오는 과정에서 미처 해결되지 못한 문제가 있는가? 간절히 원했지만 좌절된 경험이 있는가? 충족되어야 마땅했지만 채워지지 못한 욕구가 있는가? 용서하고자 했지만 쉽사리 용서가 되지 않는 사람이 있는가? 이런 질문들에 하나씩 답을 해보자. 쉽게 떠오르지 않을 수도 있다. 찬찬히 시간을 두고 어린 시절의 기억들을 떠올려보는 것부터 시작하면 된다.

노트를 준비하자. 한 페이지에는 영유아기라고 적고 다음에는 초등학교, 중학교, 고등학교 순서로 페이지를 나눠본다. 원한다면 20대까지도 괜찮다. 각 시기마다 생각나는 기억들이 있는지 적어보자. 그 기억과 함께 감정도 떠올려보자. 가을철 고구마 수확을 해본 적이 있는가? 고구마 줄기를 캐내 올릴 때 땅 속에서 주렁주렁 고구마가 딸려 올라오듯이, 우리 기억들에는 그와 연관된 저마다의 감정들이 매달려 있다. 수십 년이 지나도록 잊히지 않는 기억들은 대체로 감정이 덧칠해진 기억일 가능성이 높다. 기억의 조각들을 맞추고 각 기억마다의 감정을 적어보다 보면 그 안에서 해결되지 못한 상처들이 떠오른다.

자신의 지난날을 단지 머릿속으로만 떠올리는 게 아니라 글을 쓰거나 입으로 소리 내어 말할 때 효과는 배가 된다. 무언가를 글로 적게 되면 한 걸음 물러서서 객관적으로 문제를 바라볼 수 있다. 특히 어린 시절 심하게 통제받거나 억압되어 살아온 부모들은 마음 깊숙이 자꾸만 아니라고 부인하려는 마음이 강하다. 이때 글이나 말로 표현하는 것만으로도 자신의 문제는 사실적이고 입체적으로 다가온다. 이렇게 상처를 드러내는 일부터 시작이다. 시작이 반이다.

⚘ 이겨낼 힘이 있다는 것을 인정하기

이런 작업을 하다 보면 불현듯 부인하거나 도망가고 싶어질 수도 있다. 그때 그 시절의 내가 얼마나 부족하고 못났는지, 왜 그때는 제대로 한 마디도 못했을까 답답하고 가슴이 막힐 때도 있다. 정말이지 바보 같은 자신에게 화가 날 수도 있다. '그러니까 매번 그렇게 당하고 산거지', '화를 냈었어야 했는데…' 등 이런저런 생각이 오히려 나를 더 힘들게 할 수도 있다.

그러나 기억하자. 그때 그 시절에는 그게 나에게 최선이었다. 어리고 약한 내가 살아남을 수 있는 방법은 그것밖에 없었다. 비록 어리석고 바보 같은 선택이었다 하더라도 별다른 수가 없다. 그 누구도 이럴 때 어떻게 대처해야 하는지를 알려주지 않았기 때문이다. 나에게는 기대고 의지할 만한 대상이 없었고, 그저 운이 없었을 뿐이다.

우리는 살아가면서 아무런 좌절이나 상처가 없기를 바란다. 상처를 마치 내 인생의 이물질처럼 여긴다. 그러나 좌절이나 상처는 우리 인생에 필연적이다. 오히려 이러한 것들은 우리를 더 단단하게 만들고 성장으로 이끈다. 우리 존재를 더 가치 있게 만든다. 상처에도 불구하고 지금의 나는 부모가 되었다. 어쩌면 그 상처는 나를 더 강하게 만들고 내면의 면역력을 키웠다. 여러분 안에는 그걸 견뎌내고 이겨낼 만한 힘이 있다는 걸 이제는 인정하자.

🌿 울고 있는 내면아이 보듬어주기

상처받은 어린 나를 만난다면 어떻게 할까? 수십 년 동안 기억 속에 가둬놨던 유약하고 부드러운 나를 만난다면 기뻐하라. 이제 어른이 된 내가 그 아이를 치유할 수 있음에 감사하라. 내 안에는 오랫동안의 경험과 훈련으로 만들어진 마음의 근육이 있다. 이제 울고 있는 아이를 안아주고 토닥여주자.

아무 공책이나 연습장을 하나 준비해보자. 그리고 펜이 가는 대로 어린 시절 나에게 위로의 편지를 써보자. 어린 그때 부모로부터 간절히 듣고 싶었던 그 말을 지금 부모가 된 내가 해주자.

사랑한다

항상 너를 응원한다

다 잘 될 거야

괜찮아

너는 참 괜찮은 아이야

우리는 항상 네 편이야

나의 어린 시절 애착경험이 아직도 여전히 아프다면 이제 인정해야 할 때다. 지금 자녀를 키우는 내가 부모로서 완벽하지 않은 것처럼 그때 그 시절의 내 엄마와 아버지도 그랬다. 그저 부족하고 불완전한 인간에 지나지 않았다. 나름 최선을 다하고자 했으나 그러지 못했던 상황이 있었다.

이제 그 시절 부모님의 상황을 이해하고, 그럼에도 불구하고 나를 키워주신 그 수고를 인정하고 받아들이자. 그러나 상처가 너무 깊어 혼자서는 도저히 감당이 안 된다면, 언제든 용기를 내서 전문가를 찾아가기를 바란다. 사춘기 자녀와 부모의 상처를 함께 키우는 일만큼 위험한 일은 없다.

☙ 지금 이 순간에 집중하기

지금의 나를 있는 그대로 사랑하기로 한다. 늦지 않았다. 마음 먹는 것부터 시작이다. 그리고 시작이 반이다. 나를 사랑하는 건 내 존재에 집중하고 소중히 돌보는 걸 말한다.

하루에 한 번 나를 돌봐주는 시간을 정해보자. 이 시간만큼은 부모도, 아내도, 남편도 아닌 그저 온전히 '나'로 살아보자. 하루 중 가장 편안한 시간이 언제인가? 누군가는 가족 모두가 나간 아침 시간일 수도 있고, 누군가는 잠들기 전 고요한 시간일 수도 있다. 하루 한 시간이라도 좋고, 한 시간이 여의치 않다면 30분이라도 시작하자.

시간을 정했다면 가족들에게 공표하라. 소위 '나 찾지 마!' 시간이라 이름 붙이고 그 시간만큼은 자신에게 온전히 집중해보기로한다. 가장 편안한 자세로 누워 몸과 마음의 흐름에 집중해보자. 몸이 나에게 말하는 게 있는가? 돌봐달라고 속삭이고 있는가? 마음이 나에게 말하는 게 있는가? 채워달라고 속삭이고 있는가? 나를 위해서 내가 지금 할 수 있는 게 뭘까?

시간 날 때마다 '감사일기'를 써보는 것도 좋다. 일상에서 문득 감사한 일이 떠오를 때 감사한 일을 적어보자. 그저 내가 지금 이렇게 숨을 쉬고 있는 것도 감사하고, 우리 아이들이 내 곁에 있음에도 감사하자(비록 온갖 말썽을 피우고 있지만!).

사춘기 자녀와의 대화는 달라야 한다

이 시기 아이들은 새로운 경험을 하게 되면 끝까지 가보고 싶어 한다. 즉, '적당히'가 없이 과하다 싶을 정도로 해본다. 10대는 자연스러운 발달 특성상 한계를 시험하고 반항하는 것과 같은 태도를 보이게 된다. 그러면서 어디까지 허용되는지 한계를 시험하고 싶어 한다. 마치 미음만 먹던 사람이 매콤하고 자극적인 음식을 먹기 시작한 것과 같다. 어른들이 아이들의 이런 문화를 비난하고 지적하는 건 오히려 아이들의 욕구를 줄이는 게 아니라 더 자극하는 것임을 잊어서는 안 된다. 성장은 앞으로 갈 뿐, 결코 뒤로 물러나지 않는다. 아이는 자라서 어른 세계의 초입에 이르렀는데,

강요적이고 통제적이었던 부모가 그간 해온 대로 아이의 작은 반항도 용납하지 않는다면 아이의 성장에는 제동이 걸린다. 앞으로 나가고자 하는 충동은 아이의 반항을 더 부추기고 이는 부모와 자녀의 관계를 더 멀어지게 만든다. 아직 늦지 않았다. 사춘기 자녀를 대하는 방식은 이전과 달라져야 한다.

❧ 소통의 출발은 존중이다

"나와 너무 다른 이 아이를 어떻게 해야 할지 도무지 모르겠어요. 정말 답답해서 미칠 지경이에요!"

중학생 아들을 둔 어머니의 하소연이다. 이 세상에서 나와 똑같은 아이를 낳을 확률이 몇 프로나 될까? 만약 아이가 나와 똑같다면 그건 기적이거나 또는 부모의 심각한 착각에 지나지 않는다. 아이가 나와 다른 건 너무나 당연한 일이다. 사춘기 자녀를 부모의 뜻에 딱 맞추려는 생각 자체가 무모한 일이다. 곰으로 태어난 아이를 호랑이로 키울 수는 없는 일이다. 곰의 자질은 무시한 채 그저 호랑이의 용맹함이나 민첩함만을 요구한다면 이 아이는 어떻게 될까? 곰으로서의 타고난 자질은 물론 진짜 호랑이도 될 수 없다. 이도 저도 아닌 어정쩡한 동물이 되어 온전한 삶을 살아가지 못한다. 물론 자존감도 물 건너간다고 볼 수 있다. 만약 아이가 사춘기 전까지는 부모의 말에 고분고분했다면, 어쩌면 사랑받기 위해 호랑이 탈을 쓰고 생활했을 뿐이다. 나와 다른 아이를 나에게 억지로 맞추려고 애쓰는데 아까운 시간을 허비하지 말자. 이처럼 불가능한 일에 목숨 걸 것이 아니라 관점을 달리 해보자. 아이를 호기심 가득 어린 눈으로 바라보라.

존중은 자녀를 독립된 인격체로 인정한다는 의미다. 다시 말해 나와는 엄연히 다른 존재임을 수용하는 게 바로 존중이다. 자녀에 대해서 아무것도 모른다는 걸 인정하자. 자녀가 어떤 생각을 하고, 무슨 감정을 느끼는지, 어떤 행동을 할 때 자연스럽거나 불편한지 등에 대해 아무것도 모른다는 걸 인정하는 게 바로 존중하는 태도다. 존중이 되어야 비로소 자녀의 생각이 궁금하고, 감정이 알고 싶다. 안타깝게도 많은 부모들은 자녀에 대해서는 이미 다 알고 있다고 착각하기 때문에 그들의 이야기가 전혀 궁금하지 않다. 그저 부모가 기대하는 대로 자녀가 따라오는지의 여부만이 최대의 관심사일 뿐이다. 존중이 되지 않을 때 부모가 할 수 있는 건 바로 잔소리 폭력이다.

아이가 어른이 되기까지는 고작 5~6년이다. 남은 시간을 잔소리와 비난으로 꾹꾹 눌러 채우지는 말자. 존중받지 못할 때 자녀의 마음은 닫히는 반면에, 존중 받을 때 자녀는 자신들의 마음을 열고 부모의 마음에 닿고자 노력하게 된다. 생각이 자라고 감정이 확대되는 이 시점에 잘못된 가치관이 뿌리내리지 않도록 사춘기야말로 부모와의 대화가 절실하다.

스스로도 자신이 미덥지 못하거나 불안한 게 사춘기다. 이때 부모가 나를 있는 그대로 "괜찮다"라고 말해준다면 그것만큼 안심되는 일은 없다. 정서적·심리적으로 안정되어야 세상을 향한 탐색이 시작된다. 사춘기의 불안과 두려움을 치유할 수 있는 안정제는 다름 아닌 바로 부모의 존중이다. 사춘기가 되면 우리 아이를 손님으로 대하라. 마치 옆집 아이를 대하듯 예의를 갖추도록 해보자.

﹒ 부모 스스로 어른답게 행동한다

몇 년 전 tvN 프로그램 〈유 퀴즈 온 더 블록〉에 사춘기 여자아이 2명이 출연했다. 그들은 잔소리와 조언에 대해서 다음과 같이 정의 내렸다.

잔소리는 듣기 싫은 말이다

충고나 조언은 더 듣기 싫은 말이다

자꾸만 엇나가고 삐딱하게 구는 사춘기 자녀에게 부모는 끊임없이 충고나 조언을 빙자한 잔소리를 퍼붓는다. 보기에도 아슬아슬한 자녀를 그냥 두고 보기 어려운 심정은 이해하나, 충고나 조언은 사춘기 자녀에게 잔소리 그 이상도 이하도 아니다. 마치 카페에서 흘러나오는 음악 소리처럼, 들리지만 들리지 않는 백색소음에 불과하다. 사춘기는 자신의 감정이나 욕구가 우선이다. 논리적이고 이성적인 사고가 빈약한 그들에게 부모의 케케묵은 잔소리와 조언은 간섭에 불과하다. 어쩌면 그들의 말을 들어주는 것만이 유일한 소통 통로가 될 수도 있다.

혹여 우리 아이가 얌전하게 앉아서 조용히 듣고 있다고 해서 부모의 충고나 조언을 새겨듣는다고 착각하지 말라. 어쩌면 아이는 자신의 허벅지를 꼬집으며 견디고 있을지도 모른다. 잔소리의 지속 시간을 줄이기 위해 군소리하지 않고 버티는 중일 수도 있다.

"그럼 부모로서 아이에게 충고나 조언도 못 하나요?"라며 따지듯이 묻는 부모도 있다. 당연히 할 수 있다. 다만 아이가 원할 때다! 자녀가 부모에게 어떻게 해야 하는지를 물어온다면 그때는 기쁘게 조언하라. 다만 짧고 굵게 하라. 아무리 좋은 조언일지라도 장황해지면 그 효과가 떨어진다. 정말 중요한 내용만을 짧고 간단하게 전달하는 데서 만족하라.

부모 스스로 어른답게 행동하라. 아이에게 요구하는 대로 먼저 행동하는 게 중요하다. 사춘기가 되면 말보다는 행동으로 보여주는 게 훨씬 더 효과적이라는 사실을 기억하자. "담배 피지 마!"라는 말보다는 부모 자신이 금연을 위해 노력하는 모습을 보여주는 게 훨씬 더 와 닿는다. "일찍 들어오란 말야!"라는 말보다 부모가 일찍 들어와 가족과의 시간을 소중히 여기는 걸 몸소 보여주는 게 더 좋다. 사춘기가 되면 가장 먼저 고개를 드는 질문이 바로 "엄마 아빠는 안 하면서 왜 우리한테만 하라고 해요?"다.

하물며 충고나 조언도 이러한데, 비난과 평가는 말할 것도 없다. 사춘기 자녀에게 비난과 평가는 어떠한 경우라도 금물이다. 비난하고 평가한다고 해서 얻어지는 건 아무것도 없다. 오히려 관계에 균열이 생기고 영영 회복이 불가할 수도 있다. 특히 독립적인 사고를 시작하는 사춘기 때 부모의 근거 없는 (근거가 있다고 하더라도 방법적으로 잘못된) 비난이나 평가는 욕설에 지나지 않는다. 아이더러 "야! 이 새끼야. 욕하지 말라고 했지!"라고 말하는 것과 똑같다.

말할까 말까 망설여질 때는 말하지 마라. 아이가 겪는 많은 문제들은 그저 시간이 지나면 자연스럽게 해결되는 경우도 많다. 사소한 것까지 일일이 개입하다가 자칫 중요하고 커다란 문제를 놓칠 수도 있다. 자녀의 문제해결 능력을 믿어주자.

부모가 모든 일을 주도할 게 아니라 아이의 문제에 있어서만큼은 아이와 '함께' 풀어가야 한다. 자녀를 부모와 동등한 인격체로 존중해주고 함께 토론하고 협상할 수 있어야 한다. 사춘기만큼 어른 대접이 필요한 때는 없다. 아이가 어른답게 행동하기를 기대한다면 어른 대접이 먼저다. 아이를 어린아이 다루듯 하면서 어른의 행동을 요구하는 것만큼 아이를 화나게 하는 건 없다. 사춘기는 그 어느 때보다 '오고 가는' 소통이 필요한 때다.

꒰ 분명한 경계를 설정한다

여기서 잠깐! 이쯤 읽고 나면 혼동이 될지도 모르겠다. '대체 부모로서 사춘기 자녀에게 할 수 있는 게 아무 것도 없다고?'라는 생각에 허탈할 수도 있다. 그러나 오해하지 마시라. 사춘기는 부모의 역할이 아주 중요한 때다. 모든 아이들은 구조에 대한 욕구를 충족하고자 한다. 자신의 행동에 대한 한계를 명확하게 알고 싶어 한다.

게임에 푹 빠져 있는 초등학교 5학년 아들 때문에 걱정이 이만저만이 아닌 어머니는 어느 날 경악을 했다. 아이는 게임 아이템을 구매하기 위해 현질(현금을 주고 거래를 하는 일)을 하고 있었다. 용돈을 쏟아붓는 것도 모자라 엄마의 지갑에까지 손을 대고 있었다. 이러다가 범죄를 저지를 수도 있겠다는 생각에까지 미치자 견디기 어려웠다. 밤새 아이를 다 그치고 벌 세우고 혼내다가 진이 빠졌다며 대체 어떻게 해야 하냐고 울먹거렸다.

"아이와 사전에 게임과 관련한 규칙이나 행동 지침을 정하셨나요?"

"네? 아뇨."

"예를 들어, 아이가 하루에 몇 시간 게임을 할 수 있는지 그리고 게임을 할 때 아이템 구매는 어떻게 할 것인지 등에 대해서 구체적으로 지침을 정하거나 상의해본 적이 있으신가요?"

"아뇨."

문제는 여기에 있다. 아이로서는 억울할 수도 있다. 게임을 하다 보면 시간 가는 줄도 모르고 빠져드는 게 당연하다. 언제까지 해도 되는지, 어디까지 해도 되는지에 대한 명확한 지침이 없다면 아이는 여러 가지 시도를 해볼 수밖에 없다. 때로는 자신의 행동이 문제가 되는지 여부조차도 알기 어렵다.

어느 학교에서 생긴 일이다. 운동장 담장에 문제가 있어서 허물고 다시 지어야 했다. 그런데 공사를 하는 중에 이상한 점이 포착되었다. 이전에는 운동장을 마음껏 뛰어다니며 놀던 아이들이 담장이 허물어지자 옹기종기 모여서 조회대 근처에서만 놀고 있었다. 그리고 담장이 완성되자마자 아이들은 다시 운동장 가장자리까지 뛰어다니면서 놀았다. 모든 아이들에게는 담장이 필요하다. 다시 말해 어디까지 행동해도 되는지에 대한 명확한 한계선을 알고 싶어 한다. 그 안에서만큼은 자유로워야 한다. 그 경계를 넘어갈 때 제재가 필요하다. 그러나 많은 부모들은 한계를 설정해주지도 않고 그저 아이를 나무라거나 혼낸다. 일관성도 없이 그때그때 기분에 따라 달라지는 부모의 태도는 아이들을 분노케 한다. 참고로 10대들은 끊임없이 경계를 시험하고 넓히려 든다. 부모는 경계를 설정했다면 무슨 일이 있어도 사수해야만 한다. 이 경계 개념을 통해 아이는 사회구성원의 행동 규범뿐 아니라 자기 통제력을 키운다.

제약이 너무 많은 것도 문제지만 너무 없는 것도 문제다. 제약이 너무 많으면 앞서 경훈의 사례처럼 숨이 막힌다. 그러나 제약이 너무 없다면 그것 역시 방임이다. 앞서 중학교에 다니는 딸에게 직접 술과 담배를 사다주는 지율 어머니를 기억하는가? 이런 경우 처음에는 친구 같은 엄마가 자신을 이해해준다고 좋아할지도 모른다. 그러나 아이들은 점차적으로 불안해진다. 자신들이 위험한 곳에 홀로 버려졌다는 걸 직감한다.

"지율에게 엄마는 어떤 사람일까?"

"엄마는 친구?"

"친구라면 지율 마음을 알아주고 이해해주는 사람이라고 느끼는 거야?"

"아뇨. 가장 만만한 사람이요! 나한테도 막하지만, 나도 막 대해도 되는 사람이요."

어른의 부재는 아이의 문제 행동을 부추긴다. 부모의 역할은 신호등과 같다. 아이들은 신호등을 보며 자신의 행동을 판단하고 결정한다. 아동기까지는 그럭저럭 작은 골목길이나 한적한 시골길이라 별문제가 없었을 수도 있다. 그러나 사춘기는 다르다. 이들은 어느 날 갑자기 강남 사거리에 서 있는 것과 같다. 신호등이 고장난 큰 사거리 상황이라면 어떨까? 온갖 무질서와 사고들로 뒤범벅이 되며, 우리 모두는 불안감에 떨어야 한다. 운동장 효과처럼 아이들은 일정한 제한과 규칙이 있을 때 심리적으로 편안함과 안정감을 느낀다.

부모는 아이에게 '안전기지'여야 한다. 사춘기는 밖으로 나가려는 충동이 강해지는 만큼 안으로 들어와 정서적으로 안정감을 얻고 싶은 욕구도 커지는 때다. 부모라면 아이에게 규칙과 방향성을 알려주어야 한다. 규칙과 약속을 정하고 지키도록 훈련시키는 것은 바로 아이를 위험으로부터 보호하고 안전하게 지키는 일이다.

때때로 사춘기 자녀에게 겁먹고 어른 역할을 포기하는 부모들을 본다. 아이에게 안전망을 쳐주는 것조차도 버거워한다. "아이가 제 말을 듣지 않는데 어떡하죠?", "하지 말라고 해도 막무가내로 하는데 당해낼 도리가 없어요!"라며 손사래를 친다. 부모가 못하면 누가 해야 할까? 부모가 포기한 아이들은 누가 잡아주어야 할까? 부모는 기억해야 한다. 자녀는 어떠한 경우든 자신의 자녀라는 사실을!

참고로 아이의 연령이 올라갈수록 울타리는 좀 더 넓어져야 한다. 해서는 안 되는 행동이 점차 줄어야 한다는 의미다. 어른이 되는 과정에서 스스로 선택하고 결정하고 책임지는 법을 배울 수 있어야 한다. 이 과정에서 울타리를 경험하지 못한 아이들은 정신적으로 혼란스럽고 어지럽다. 아이들은 날마다 외친다. "내게 경계를 알려주세요!" 아이에게 지켜야 할 한계를 정해주는 것은 철창이 아니라 그 안에서 자유롭게 움직일 수 있는 보호망을 쳐주는 것이다.

❧ 아이의 말에 초집중한다

미국 토크쇼의 여왕 오프라 윈프리Oprah Winfrey는 "아이들이 태어날 때 사용 설명서라도 달고 나오면 얼마나 좋을까요?"라는 말을 했다. 전자 제품을 사더라도 깨알같이 빽빽하게 사용 설명서가 첨부되어 있다. 주의사항도 적혀 있다. 행여 잘못 사용되어 고장 나지 않도록 하는 장치다. 하물며 살아 움직이는 사람은 어떨까? 어쩌면 사춘기 아이들이 문제를 일으키는 데는 '잘못된 사용 설명서'가 그 원인일 가능성도 높다. 부모의 짐작대로, 또는 부모 자신의 사용 설명서를 아이에게 잘못 적용하다 생긴 부작용일 수도 있다.

따라서 자녀를 키우는 부모라면 아이에 대해서 제대로 알아야 한다. 우리 아이가 어떤 생각을 하고, 어떤 기분을 느끼고 어떤 가치관을 가지고 있으며 무엇을 원하는지 등에 대해서 알면 알수록 관계는 수월해진다.

강의나 상담에서는 "우리 애가 도대체 왜 이러는 걸까요?"라는 질문을 가장 많이 받는다. 그럴 때면 나는 솔직하게 답한다. "글쎄요. 그건 저도 잘 모르겠네요." 이때 부모의 뜨악한 표정을 읽는다. 많은 부모는 아이의 마음에 대해서 궁금해한다. 그리고 전문가를 찾아가 묻고 확인한다. 그러나 뭔가 이상하지 않은가? 전문가는 아이를 잘 알지도 못할뿐더러 만난 지 겨우 며칠밖에 되지 않았다. 10년 넘게 바로 곁에서 함께 부대끼며 생활한 부모조차도 모르는 아이를 대체 누가 알 수 있을까? 그저 심리학적 근거나 온갖 연구를 바탕으로 아이를 분석하고 파헤쳐볼 수는 있지만 그뿐이다. 입체적으로 살아 움직이는 아이를 몇 가지의 기준으로 단정 지을 수는 없다. 항상 말하지만 아이에 대한 답은 아이 안에 있다. 아이의 말에 귀를 기울이는 게 아이를 이해하는 지름길이자 유일한 길이다. 우리 아이가 의사표현을 할 수 있다는 게 얼마나 다행인가? 영아기 때를 떠올려보라. 어디가 불편한지, 무엇을 원하는지를 알기 위해 우리는 얼마나 많은 시간을 고군분투해왔던가?

사춘기 자녀와의 대화에서는 첫째도 경청, 둘째도 경청, 셋째도 경청이다. 말하는 시간보다는 듣는 시간이 절대적으로 많아야 한다. 8대 2의 수준으로 듣고 말하라. 무엇을 말할까가 아니라 어떻게 들을 것인지를 고민하라. 듣는 것만큼 중요한 일은 없다. 내 자식이지만 온전히 이해하기는 어렵다. 더군다나 사춘기 자녀는 어디로 튈지 모르는 탁구공과 같다. 아이에게 "이해한다"라고 말하지 말고 "네 얘기가 궁금하다"라고 말하라. 사춘기는 스스로도 자신을 이해하지 못하는 시기다. 이런 와중에 누군가 자신을 이해한다고 말한다면 화가 날 수밖에! 일단 물었으면 아이의 말에 초집중하라. 궁금하지 않은 것에 대해서는 묻지 마라. 물어놓고 듣지 않는 것만큼 모멸감을 느끼는 것은 없다.

"자꾸 대화하자는 말에 진짜 짜증나요!!"

아이들의 볼멘소리를 자주 접한다. 경청이 중요하다고 아이에게 말을 강요하지 마라. 모든 걸 부모 중심으로 해결하려 들면 곤

란하다. 아이가 입으로 표현하지 않을 때는 '몸이 하는 말'에 귀를 기울여라. 아이는 매 순간 신호를 보낸다. 다만 부모가 주의를 기울이지 않을 뿐이다. 경청은 말뿐 아니라 아이의 모든 것에 관심을 기울이는 것임을 기억하라.

칼자루는 아이 손에 쥐어준다

사춘기는 이제 서서히 자신의 삶에 책임지는 법을 배워야 하는 시기다. 아동과 어른의 차이는 중대한 일에 대해 선택하고 결정할 수 있으며, 자기 결정과 선택에 대해 책임을 지는 것이다. 아이를 한 인격체로 존중한다는 건 아이에게 선택권을 준다는 의미다. 물론 그에 따르는 책임도 아이의 몫이다. 선택이 시작이라면 책임이 그 끝이 되어야 한다. 사춘기 때 책임지는 법을 제대로 배우지 못하면 성인이 되어서도 자기 삶의 주체가 되지 못한 채 부모에게 의존할 수밖에 없다.

평생 동안 아이를 내 품에 끼고 살아갈 게 아니라면 아이에게 칼자루를 쥐어주자. 작게는 사소한 계획을 세우는 일부터 학원 선택에 이르기까지, 아이가 스스로 결정하도록 한다. 자신에게 가장 적합하고 효율적인 학원이 어디인지 스스로 찾아서 선택하도록 한다. 만약 아이가 학원을 그만두고 혼자서 하겠다면 그렇게 해 볼 수 있도록 격려해야 한다. 아이의 진로에 있어서도 최종 선택은 아이가 하도록 한다. 물론 고민하는 과정은 부모도 함께 참여하지만, 최종적인 선택은 언제나 아이의 몫이다. 라면부터 끓여본 아이가 제대로 된 요리도 가능해진다. 처음에는 서툴고 위험하게 휘두르며 부모의 가슴을 철렁이게 만들 수도 있다. 하지만 여러 시행착오를 거쳐 제대로 사용하는 법을 서서히 배워간다. 그 사이 생채기를 내거나 다칠 수도 있다. 그러나 그것도 배우는 과정이다. 비록 아이가 내린 선택의 결과가 조금 미숙해 보여도 아이의 의사를 존중해야 한다. 혹여 아이가 힘들까 봐 지레 걱정하며, 아이 앞의 모든 장애물을 바로바로 제거해주고 다른 대안을 만들어주지는 말자. 스스로 선택하여 내린 결과에 대한 성취 경험들이 쌓여야 아이도, 그리고 아이의 자존감도 자란다. 우리 모두는 한때 초보였다. 베테랑도 온갖 시행착오 위에서 만들어진다는 사실을 잊어서는 안 된다.

🌿 타당한 부분만 인정한다

사춘기 자녀의 생각이 궁금해서 엄마가 질문을 한다. 그때 아이는 짜증이 가득 담긴 목소리로 "왜 물어보는 건데요? 그게 왜 궁금한데요?"라고 말한다. 이때 여러분은 뭐라고 말할 것인가? "물어볼 수도 있지, 왜 이렇게 버릇없이 구는 거야?"라며 흥분하지는 않는가? 사춘기들은 부모가 어느 지점에서 화가 나는지를 기가 막히게 아는 능력이 있다. 그래서 날마다 예고도 없이 훅 공격이 들어온다. 그러나 예고 없는 한방에 넘어가지 말자. 이때 쓸 수 있는 비장의 무기가 있다. 바로 아이의 말을 인정하는 것이다. 다만 전부가 아니라 그중 타당한 부분에 대해서만이다. 위의 경우라면 "글쎄다. 엄마는 왜 그게 그렇게 궁금할까?" 또는 "그러게~ 엄마는 그게 궁금하네" 정도면 충분하다.

아이가 부모를 비난할 때도 마찬가지다. 아이와 힘겨루기를 하지 않으려면 아이의 말 중 일부분에 대해서는 쿨하게 인정하는 것이 좋다. "아빠는 매번 아빠 뜻대로만 하려고 하잖아요!!"라고 아이가 언성을 높일 때, "아빠가 언제 매번 아빠 뜻대로만 했다고 난리야? 그리고 네가 내 말 듣기나 했어?"라고 말하는 건 아이의 공격에 미숙한 양상으로 싸우려 드는 것과 다름없다. 이때는 "그래 아빠가 가끔 그럴 때가 있긴 하지"라고 말하면 된다. 매번은 아니지만 부분적으로 인정하게 되면 아이의 화는 누그러지기 마련이다. 부모 또한 전부에 대해서가 아니라 부분적으로만 인정했기 때문에 권위가 크게 흔들리지 않는다.

Ꙩ 유머를 적절히 활용한다

"수현아! 네 방에서 좀비들이 난리 났는데?"

"무슨 말이야?"

"엄마가 네 방에 들어갔는데, 글쎄 옷장에서 좀비들이 마구 탈출하려고

기어 나오고 있어!!"

"아하! 알았어요. 내가 지금 들어가서 처리할게."

서랍장 문이 반쯤 열린 상태에서 옷가지들은 마구 뒤섞여 있다. 이때 "옷장 꼴이 이게 뭐니? 지저분해서 살 수가 없다. 당장 치우지 못해?"라는 말을 한다면 아이들의 반응은 어떨까? '또 시작이다. 그놈의 잔소리, 잔소리! 지겨워서 못 살겠다'라는 생각과 함께 눈꼬리를 치켜뜨고 째려볼 게 뻔하다. 문제 해결에 전혀 도움이 안 된다.

때로 사춘기 자녀와의 소통에서는 유머가 효과적이다. 사춘기에게 부모의 유머는 마음의 빗장을 열게 하는 동시에 인간적인 모습을 가감 없이 보여주는 가장 좋은 방법이다. '진지충'이라는 말을 들어본 적 있는가? 진지하다는 말에 벌레라는 말을 덧붙여서 취급할 정도로 아이들은 진지하고 무거운 대화를 꺼린다. 가볍게 접근하되, 문제의 핵심은 찔러주는 게 가장 효과적인 접근법이다.

때로 사춘기 자녀와의 사이에 보이지 않는 벽을 느낀다면, 부모의 흐트러진 모습을 보여주라. TV에서 흘러나오는 음악에 맞춰서 춤을 추는 모습만으로도 아이들은 부모에게 고개를 돌린다. (우리 아이들은 엄마의 춤추는 모습에 화들짝 놀라 기겁을 한다. 그래서 아이들의 주의를 끌거나 분위기를 전환시킬 때 말도 안 되는 춤으로 접근할 때가 있다!)

부모는 자녀에게 언제나 멋지고 완벽한 모습으로 남고 싶다. 그러나 부모에 대해 갖는 이상이나 환상의 유효 기간은 딱 아동기까지다. 사춘기가 되면 이제 부모도 한낱 부족하고 불완전한 인간이라는 사실을 알아차린다. 아동기까지 부모는 산처럼 거대하고 완전무결한 사람이라 믿어왔지만, 사춘기들 눈에 비치는 부모는 좀 더 인간적이고 모순적이다. 이때 부모가 솔직하게 다가서면 아이들도 부모에게 솔직하게 다가온다.

🌿 15초의 마법, STOP 전략

사춘기 자녀와 대화를 하다 보면 숨이 턱 막힐 때가 한두 번이 아니다. 말보다 몸이 먼저 반응하는 경우가 태반이다. 욱하는 건 기본이고 마치 냄비 속 찌개가 끓듯이 속이 부글부글 끓어 넘친다. 물은 100도에서 끓는다지만, 사춘기와의 대화는 어쩐 일인지

50도에서도 후루룩 끓어 넘친다.

이들과의 대화에서는 15초의 마법을 활용하라. 깊은숨 두 번이면 된다. 코로 숨을 깊게 들이시고 다시 코로 내쉬되, 들이쉴 때보다 더 천천히 숨을 내보내면 된다. 두 번 정도 하고 나면 15초다. 사춘기 자녀 앞에서 '욱' 반응이 올라오는 걸 알아차린다면 일단 멈추자. 몸과 마음의 브레이크를 꽉 밟아보자. 이때의 급정거는 가장 안전한 방법이다.

이 15초는 우리의 원시적이고 충동적인 뇌가 상황을 악화시키기 전에 뇌의 더 이성적인 체계가 개입할 여지를 마련하는 시간이다. 사춘기 자녀의 강력하고 충동적인 뇌 반응에 부모도 똑같이 반응하는 건 원시인 둘이서 이성을 잃고 싸우는 것과 같다. 사춘기 자녀를 마주한 부모라면 어떤 상황에서라도 이성적인 사고가 가능해야 한다. 적어도 아이가 던진 그물에 걸려 버둥거리지 말아야 한다.

사춘기 자녀와의 대화 중 브레이크가 필요한 순간 적용할 수 있는 전략 하나를 소개하고자 한다. 바로 STOP 전략이다. 뭔가 상황이 심상치 않다는 판단이 선다면, 다시 말해 우리 뇌에서 '삐익' 하고 경보가 울린다면 STOP 전략이 필요할 때다.

참고로 마지막 P가 Persuade(설득하다)가 아님을 잊지 마라. 무조건 부모의 의견이 최선인 것처럼 아이를 설득하려 하지 마라.

- S(Stop, 멈추다) 일단 멈춰라.

- T(Take a breath, 심호흡하다) 앞서의 15초를 기억하라.

- O(Observe, 관찰하다) 상황을 되도록 객관적으로 살펴보도록 하라. 지금 아이와 나 사이에 무슨 일이 일어나고 있는지 알아차리는 게 중요하다. 뭐가 뭔지 모르겠다면 일단은 아이의 이야기를 들어보자. 문제의 발단이 아이로부터 시작된 것이라면 아이의 말에 귀를 기울여야 한다.

- P(Proceed, 진행하다) 상황의 전체적인 맥락을 충분히 살폈다면 어떻게 할지 선택할 수 있다. 이때는 사춘기 자녀와 부모 모두에게 도움이 되는 방법을 선택하는 게 현명하다. 너도 좋고 나도 좋은 최선의 길이 무엇인지를 찾아 전진하라.

앞서 충고와 조언이 아이에게 도움이 되지 않는다는 말은 이미 한 적이 있다. 도덕적인 설득과 훈계도 마찬가지다. 사춘기 자녀들에게는 이런 설득이 먹히지 않을 가능성이 높다. 대신에 그들 스스로 생각하도록 자극하는 게 좋다. 무엇이 문제인지 스스로 파악하도록 돕고, 문제를 해결하기 위해 자신 안에 있는 모든 자원을 찾아서 적용해볼 수 있도록 지지하고 격려하는 게 부모의 역할이다.

아이의 문제는 아이의 문제다. 부모가 대신 해결할 수 없다. 아이가 어리다면 부모의 개입이나 관여가 필요하지만, 사춘기가 되면 이제는 스스로 자신의 문제를 직면하여 풀어갈 수 있어야 한다. 부모는 문제의 주체가 아니라 보조자 또는 상담자 역할에 머물러야 한다.

사춘기 자녀들이 겪는 문제의 대부분은 하나의 정답만 나와 있는 객관식이나 단답형이 아니다. 여러 각도에서 고려해봐야 하는 지극히 주관적인 문제다. 아이마다 처한 상황이 다르고, 경험하는 바가 다르다. 겉으로 보기에는 똑같은 문제라고 하더라도 아이마다 받아들이는 정도는 다르다. 어떤 아이에게는 엄청난 문제라 할지라도 어떤 아이에게는 '뭐 그까짓 것'이 될 수도 있다. 그래서 부모는 문제에 시선을 두기보다는 그 문제 앞에 선 우리 아이에게 시선을 두는 게 마땅하다. 문제 자체에 시선을 두게 되면 문제가 점점 확대되지만, 그 문제를 직면한 우리 아이 마음에 시선을 두게 되면 우리 아이 마음이 커진다. 자신 안에 잠재된 힘을 끌어낼 수 있도록 믿고 지지해주는 것이 부모의 현명한 선택이다.

때에 따라 부모에게 도움을 요청하거나 조언을 구할 수도 있다. 그럴 때는 반가운 마음으로 흔쾌히 의견을 내도록 하라. 다만 그것만이 정답이라 생각하는 건 금물이다. "아빠는 ~하게 생각하는데 네 의견은 어때?", "엄마가 보기에는 ~ 방법이 있어. 이 중에서 네가 해볼 만한 건 어떤 게 있을까? 아니면 더 좋은 생각이 있니?"처럼 언제나 선택은 아이의 몫으로 남겨둘 수 있어야 한다.

❀ 갈등은 관계를 더욱 돈독히 만든다

사춘기 부모는 자녀와의 갈등을 힘들어한다. 갈등은 무조건 피해가야 할 지뢰 같은 걸까? 갈등葛藤이라는 말은 칡과 등나무가 서로 반대로 감아 올라가는 성격에서 유래되었다. 이 둘을 심으면 함께 얽히어 도저히 풀 수 없는 상태가 되는데 사람 간에도 일이 까다롭게 얽힌 것을 갈등이라 말한다. 한편에서는 도저히 풀 수 없는 상태로 볼 수 있지만, 다른 한편에서는 그래서 더 단단하게 서로를 지탱해준다고 볼 수 있다.

사춘기 자녀와 부모도 마찬가지다. 서로 얽히고 엉겨서 힘들지만 그로 인해 서로를 더 잘 이해함은 물론 심리적 성장이 가능하다. 눈만 마주치면 으르렁거리지만 이 과정을 통해 서로의 욕구나 가치 등을 알아간다. 옛말에도 싸우면서 정든다는 말이 있다. 사춘기를 아무런 갈등도 없이 지난다면 오히려 그걸 더 걱정해야 할 수도 있다. 사춘기 자녀와의 갈등을 감사하게 받아들이자. 아이에게 한 발 더 가까이 가기 위한 디딤돌이라 여겨보자. 그러면 갈등도 달리 보인다.

부모 자존감을 키우는
5가지 전략

 불완전하다는 것을 인정하라!

부모도 지극히 불완전하고 부족한 사람임을 인정하는 게 부모
의 자존감을 키우는 첫 번째다. 부모가 된다고 해서 어느 날 갑자
기 완벽해지는 건 아니다. 오히려 부모가 되는 순간 온갖 나약한
부분들이 가감 없이 드러난다. 더군다나 아이가 사춘기가 되는 순
간 부모는 가장 취약해진다. 이 세상에 완벽한 존재는 없다. 다만
완벽해지려고 발버둥치려는 사람이 있을 뿐이다. 우리 모두는 죽
는 그날까지 공사 중이라는 사실을 잊지 말자. 때로 실수할 수도
있다. 하물며 최고의 엄마들도 일반적으로 자신의 아이에게 최소

한 19초마다 1번씩 실수를 저지른다는 연구 결과도 있다. 실수 자체가 아니라 실수로부터 배우는 게 중요하다. 실수나 실패로 인해 좌절하고 자신을 비난하게 되면 못난 사람으로 남지만, 자신의 실수를 분석하고 보완하려고 애쓰게 되면 실수도 나에게는 소중한 자산이 된다. 자신의 모든 경험을 기꺼이 수용하고 끌어안아라. 못나고 부족해도 괜찮다. 그게 나다. 모든 건 나로부터 출발해야 한다. 자신을 감추고 변명하고 덮어버리고는 한 발자국도 앞으로 나아갈 수 없다. 기억하라. 우리 모두는 '부모 노릇'이 처음이라는 만고의 진리를!

완벽함이 아니라 솔직함으로 자녀에게 다가가라. 부모도 잘못했을 때는 쿨하게 사과하는 게 맞다. 자신의 선택에 대해서 솔직하게 책임지는 모습을 보여야 아이들도 부모로부터 배운다. 부모가 자신의 부족하고 못난 부분을 감싸고 덮어버리기에 급급하면 자녀도 자신의 실수를 감추는 법을 배운다. 사춘기 자녀에게는 부모의 솔직하고 인간적인 모습이 훨씬 더 자극이 된다. 사실 말하지 않아도 사춘기가 되면 부모의 허점과 실수, 불합리함을 귀신같이 찾아낸다. 이때 부모가 솔직하게 인정하면 인간 대 인간으로 한층 더 가까워진다.

부모 자신은 아무것도 변하려고 하지 않으면서 아이를 변화시킬 수는 없다. 주변에는 부모의 권위가 위태해질까 봐 여러 변명을 하는 부모들을 많이 본다. 그러나 사춘기가 되면 아이들은 정확히 안다. 그것이 얼마나 '비겁한' 변명인지! 관계는 서로의 불완전성으로부터 배우는 일이다. 부모의 솔직함만큼 효과적인 것은 없다.

전략 2 다른 사람과 비교하지 마라!

예전에 어느 연로 교육자가 한 말이 떠오른다. "대한민국에서 엄마 역할을 잘 하려면 무엇이 가장 중요한가요?"라는 질문에 한 치의 주저함도 없이 "옆집 엄마를 조심하세요"라고 답했다.

우리는 하루에도 열두 번 다른 사람과 자신을 비교한다. 부모가 되어도 마찬가지다. 한정된 자원을 두고 치열하게 경쟁하다 보니 매시간 주변을 살필 수밖에 없다. 우리 아이를 잘 키워내기 위해서 한시도 마음을 놓을 수가 없다. 아이만이 아니다. 그 아이들의 부모와 자신을 비교한다. 행여 자신의 부족함이 드러나면 우울해지고 자기 자신에게 화가 난다. 우울하고 화난 부모는 아이를 탓하기 쉽다. 사춘기들의 또래 압력만큼이나 무서운 게 부모들 사이의 압력이다. 아이들의 성장 단계마다 반드시 지키고 따라야 할 '부모 행동 강령'이 있는 게 아닐까 의심이 될 정도다. 강령에서 한 치라도 벗어나면 순식간에 '못난' 부모로 전락한다.

비교는 결코 긍정적인 결과를 가져다주지 않는다. 비교는 우리 안의 단점을 부각시키며 "더 잘하란 말이야. 그것만으로는 부족해!"라고·쉬지 않고 속삭인다. 뿐만 아니라 비교는 우리를 끊임없이 좌절하고 낙담하게 만든다. 나만 제대로 못 한다는 생각에 수치심이 올라오고, 이 수치심은 날카로운 무기가 되어 수시로 우리 아이를 찌른다. 자녀 양육에서 비교만큼 위험하고 해로운 것은 없다. 혹시라도 내 안에서 비교가 스멀스멀 고개를 든다면, "이제 그만!!!"이라고 속으로 외쳐라. 머리를 크게 한 번 흔들고 팔을 크게 뻗어서 몸을 펼쳐보라. 순식간에 주의가 환기되는 걸 느낄 수 있을 것이다.

정서적 내 편을 만들어라!

부모에게도 부모가 필요하다. 부모도 취약한 인간에 불과하다. 부모도 상처받는다. 지치고 우울할 때 부모에게도 위로와 지지가 필요하다. 부모가 자신의 힘든 감정을 적절히 털어내야 자녀에게도 안전한 환경이 된다. 언제든 찾아가 마음을 터놓을 수 있는 대상을 물색하라. 든든한 내 편을 곁에 두라. 그리고 나도 그(그들)에게 든든한 정서적 편이 되어주자. 관계는 서로 주고받는 것이다. 좋은 사람들을 내 곁에 많이 두는 것만큼 부자는 없다. 그런 의미에서 '부자 부모'가 되어보자. 나에게 정서적 지지가 되는 사람은 내 자녀에게도 든든한 후원군이 된다는 사실을 기억하라.

혹 사람이 없다면 너무 위축되지 않아도 좋다. 늘 나를 이해하고 공감해주는 사람이 있으면 더없이 좋겠지만, 사람이 없다면 나에게 위안과 위로를 주는 그 어떤 것이라도 괜찮다. 분위기 좋은 카페도 좋고, 아늑한 도서관 모서리의 의자라도 좋다. 또는 녹음이 울창한 수목원이라도 좋고 보들보들한 담요도 좋다. 무엇이든 나를 기분 좋게 하고 위로를 주는 것이면 괜찮다. 지금 주변을 둘러보라.

전략 4 가짜 감정과 진짜 감정을 구분하라!

내 감정의 주인은 나라는 사실과 내 감정에 대한 책임은 나에게 있다는 사실을 잊지 말자. 나를 여인숙이라 가정해보자. 감정은 나에게 찾아와 잠시 머물다 가는 손님이다. 오가다 우연히 들리는 손님처럼 감정도 사전 예약 없이 찾아든다. 어떨 때는 슬픔이 찾아와 하룻밤 머물다 가고, 어떨 때는 우울이 찾아와 머물다 갈 수도 있다. 그저 머물다 갈 뿐, 감정이 주인이 될 수는 없다. 따라서 내게 찾아오는 감정들에 관심을 베풀고 이름을 붙여주면서 감정과 친숙해질 필요가 있다. 감정과 자신을 동일시하지 않고 그저 그 감정을 명료하고 객관적으로 관찰할 수 있으면 된다.

사춘기 부모의 단골손님은 화다. 시도 때도 없이 불쑥불쑥 찾아온다. 그런데 대부분의 화는 가짜 감정일 가능성이 높다. 공부를 하지 않고 빈둥대는 아이를 보면 부모는 아이의 미래가 걱정되고 불안하다. 그런데 그 불안과 걱정에 온갖 신념이나 생각 등이 더해지면 화로 탈바꿈된다. 지금 내가 아이에게 마구 퍼붓고 있는 화는 가짜 감정일 뿐, 진짜 감정은 불안과 걱정이다. 사춘기 아이가 엄마를 노려보며 바락바락 대들 때도 화가 난다. 그러나 이때도 마찬가지다. 맥주 거품을 다 걷어내고 나면 진짜 맥주가 가라

앉아 있듯이 화라는 감정을 걷어내면 진짜 감정이 깔려 있다. 이 때는 부모로서 아이를 제대로 통제하지 못한다는 무력감이나 좌절감 등이 진짜 감정일 수 있다.

진짜 감정은 상황이나 사건에 일차적으로 반응하는 감정이다. 이 감정은 우리의 욕구나 가치를 담고 있다. 그러나 일차 감정이 제때 제대로 해결되지 못한 채 여러 생각이나 신념 등이 뒤섞이면 이차 감정으로 정체를 달리한다. 이를 가짜 감정이라 부른다. 이 차 감정에는 대체로 화나 짜증이 많다. 때로는 화가 일차 감정일 때가 있다. 경계를 침범당하거나 욕구가 좌절될 때 또는 존엄성이 훼손될 때 누구나 화를 느낀다.

우리가 진짜 감정을 알아야 하는 이유는 우리의 중요한 욕구와 가치가 그 속에 들어있기 때문이다. 다시 말해 진짜 감정을 알아야 욕구를 제대로 충족시키거나 문제를 해결할 수 있다. 부모라면 적어도 자신의 진짜 감정을 분별할 수 있어야 한다. 그래서 지금 내 안에서 수시로 올라오는 감정을 한 번쯤은 의심해야 한다. "감정, 너 누구냐? 네 정체를 밝혀라!"

생각과 감정의 주인이 되어라!

생각을 생각하는 걸 '메타인지'라 부른다. 메타인지는 우리의 특정한 마음 상태를 알아차리게 한다. 만약 우리에게 메타인지 능력이 없다면 우리의 생각이나 지각이 타당하지 않거나 또는 다른 사람들에 대해 잘못 이해하거나 엉뚱하게 해석할 수도 있다.《애착과 심리치료》의 저자이자 심리치료사인 데이비드 월린^{David Wallin}은 아이를 변화시키는 데 부모의 메타인지 능력이 아주 중요하다고 보았다. 메타인지는 아이의 행동이나 태도에 대한 부모 자신의 느낌과 신념을 즉각적이고 의심 없이 그대로 받아들이기보다 더 깊은 의미를 살피도록 한다. 따라서 메타인지 능력을 키우게 되면 부모가 아이의 행동에 '반사적'으로 반응하는 걸 멈추고 '성찰적'으로 반응할 수 있다.

부모는 항상 자신의 생각을 생각할 수 있어야 한다. 자신의 안팎에서 일어나는 일들을 잘못 해석하거나 반사적으로 반응하지 않기 위해서는 상황과 사건마다 들러붙는 자신의 생각을 따로 떼어내서 생각하려고 노력해야 한다. 머릿속에 '상황-생각-감정'이라는 공식을 새겨두자. 그리고 매 순간 이 공식을 적용해보자. 생각을 실제 종이에 적어보는 것이 효과적이다.

상황 일어난 사건을 최대한 구체적으로 적는다.

생각 그 순간 내 머릿속에 떠오른 생각들을 모두 적는다. 생각을 생각하는 과정으로 생각나는 대로 걸러내지 않고 솔직하게 적는다.

감정 느껴지는 감정을 적는다. 감정에 하나씩 이름을 붙이는 과정이다. 감정은 겉으로 표현하는 순간 명확해진다. 감정에는 앞서 말한 대로 진짜 감정과 가짜 감정이 있다.

적용 예시 ①

상황 밤늦은 시간 아이가 군것질을 하고 있다. 아이스크림 하나를 다 먹고 과자 봉지까지 뜯는다.

생각 저러다 살이 엄청나게 찔 텐데 어쩌려고 저러지? 어쩜 저렇게 자기 절제가 안 될까? 자기절제가 안 되면 인생을 망칠 텐데?

가짜 감정 화, 짜증

진짜 감정 걱정, 불안

→ 밤에 군것질을 한다고 해서 인생을 망친다고 생각하는 게 과연 타당하고 옳은가? 진짜 감정은 걱정과 불안이다. 궁극적으로 부모가 원하는 것은 아이의 식습관을 잘 관리할 수 있도록 돕는 일이다.

상황 중학생 아들이 흥분해서 엄마에게 대뜸 욕설을 내뱉는다.

생각 내가 너무 오냐오냐 키웠나? 나중에 커서 뭐가 되려고 저러지? 부모
로서 권위가 바닥이구나. 아무래도 잘못 키운 탓인 것 같아.

가짜 감정 슬픔

진짜 감정 화, 불쾌

→ 아이가 욕을 한다고 해서 부모의 권위가 바닥이라고 생각하는 게 과연 타
당한가? 부모의 권위는 욕 한마디로 무너지지 않는다. 그리고 부모의 권
위는 부모 스스로 세우는 것이다. 궁극적으로 부모가 원하는 것은 부모로
서 존중받는 일이다. 나아가 아이가 자신의 감정을 적절히 조절하고 부모
에게 자신의 의사를 명확하게 표현하도록 돕는 일이다.

이렇게 상황에 대해서 가장 먼저 떠오른 생각을 점검해보고 그
때의 감정을 찾아보도록 하라. 이 작업을 지속적으로 반복하다 보
면 부모 자신의 생각뿐 아니라 진짜 감정이 뚜렷해지면서 자기 이
해가 된다. 또한 자녀의 생각이나 감정 또한 다루기가 훨씬 수월
해진다. 어떤 순간이든 자신의 생각과 감정의 주인이어야 한다.
그러기 위해서 늘 생각을 생각하라!

엄마 아빠가 먼저 바뀌면
아이도 변합니다

Q1

세 아이를 키우는 엄마입니다. 막내딸이 너무나 싫고 미워요. 아이는 애교도 많고 저한테 곰살맞게 구는데 저는 그냥 이 아이가 불편하고 싫습니다. 어떻게 해야 할까요?

A1

엄마라고 해서 모든 아이를 똑같이 사랑하기는 어렵습니다. 깨물어서 안 아픈 손가락은 없다고 하지만, 조금 더 아프고 덜 아픈 손가락은 있지요. 내 자식이라도 더 예쁘고 덜 예쁜 아이는 있기 마련입니다. 문제는 표현입니다. 아이가 사랑받지 못한다고 느끼면 문제가 되지만, 못 느낀다면 크게 문제는 없습니다. 다만 왜 그 아이가 유독 미운지는 찾아보셔야 합니다. 대체로 이런 경우는 아이에게 문제가 있기 보다는 아이를 바라보는 부모에게 문제가 있을 가능성이 높습니다. 다시 말해 아이의 특정 행동이나 태도 등이 부모를 불편하게 하고 있을 가능성이 높지요.

유난히 목청이 큰 딸이 미워서 견딜 수가 없다고 하신 어머니가 계셨습니다. 상담을 통해 어린 시절 자신에게 마구 역정을 내던 친정아버지의 목청이 무척 컸다는 사실을 깨달았습니다. 낮잠이라도 자려하면 아버지가 방문을 벌컥 열어젖히며 고래고래 소리 지르며 욕을 하던 기억이 생생합니다. 느닷없이 날아드는 아버지의 거친 고함과 욕설에 잔뜩 겁을 먹고 두려움에 떨어야 했지요. 이 어머니에게 유난히 목청이 큰 딸이 달가울 리가 없지요. 문제의 뿌리를 알게 되면 해결도 쉬워집니다.

아이의 어떤 면이 불편한지를 구체적으로 찾아보세요. 그리고 그 불편한 점과 연결되는 사람이나 상황이 있는지를 찾아보세요. 그 부분이 바로 어머님이 풀어야 할 과제입니다. 어머니 안의 문제를 해결할 때 아이도 비로소 편안하게 바라볼 수 있답니다. 다시 말하지만 아이는 죄가 없습니다.

Q2

화를 다스리기가 너무 어려워요. 아이들과 이야기를 하다 보면 어느새 얼굴을 붉히며 소리를 지르고 있는 자신을 발견하고 낙담하게 됩니다. 부모로서 자격이 없는 것 같아 자괴감마저 듭니다.

화가 나는 건 당연합니다. 화가 나는 자신을 탓하거나 비난하지 마세요. 누구나 같은 상황이라면 화가 날 수밖에 없다는 것을 기억하세요. 화가 많다는 것은 그만큼 열정도 많다는 의미입니다. 화라는 감정 자체는 문제가 없습니다. 오히려 화는 우리로 하여금 행동하도록 만드는 아주 중요한 감정이지요. 두려움이나 주저함을 물리치는 게 바로 화입니다.

그러나 화나는 것과 화내는 것은 다릅니다. 화가 나는 것은 자연스러운 생리적인 현상입니다. 화가 난다는 것은 지금 나에게 아주 중요한 무언가가 제대로 되지 않고 있다는 신호입니다. 또는 경계를 침범당했다는 표시입니다. 다시 말해 화라는 감정 안에는 나의 욕구와 가치가 웅크리고 있습니다. 따라서 화를 찬찬히 살펴보면 지금 내가 간절하게 원하는 게 무엇인지를 알 수 있습니다. 마치 시간이 지나 흙탕물이 가라앉으면 맑은 물이 떠오르는 것처럼 말이지요. 반면에 화내는 것은 행동으로 표현하는 걸 말합니다. 화가 나면 우리는 소리를 지르거나 욕을 하거나 때리는 등의 공격적인 행동을 주로 합니다. 이런 행동 때문에 화를 부정적으로 보는 경향이 있지요.

분노를 조절하는 것은 화라는 감정과 공격적인 행동의 연결고리를 끊는 것을 말합니다. 즉, 화나는 것은 인정하되 화내는 것은 선택하는 겁니다. 화가 날 때는 '내가 화가 나는구나'라고 쿨하게 인정하세요. '그래, 나도 사람인데 이런 상황에서는 화가 날수도 있지'라고 받아들이세요. 다만 화를 내는 것은 선택입니다. 일단 화가 나는 걸 알아차린다면 속으로 'stop'를 외쳐보세요. 그리고 깊은 호흡을 하세요. 호흡이 화를 없앨 수는 없지만, 적어도 공격적이고 폭력적인 행동은 막을 수 있습니다. 호흡으로 잠깐의 틈을 벌렸다면 다음 2가지만 생각해 보세요.

'10년 후에도 이 일로 나는 똑같이 화를 낼까?'

'나 아닌 다른 사람도 이 상황에서는 이렇게 화를 낼까?'

두 경우 모두 의심의 여지없이 yes라면 화를 내는 게 맞습니다. 누구라도 언제라도 화를 내는 상황이라면 정당한 화에 가깝습니다. 그러나 둘 중 하나라도 '글쎄'라는 의심이 든다면 일단 멈추세요. 좀 더 생각이 필요하니까요. 그리고 아이와는 분리된 다른 공간으로 가서 생각해보세요.

화는 자신을 이해할 수 있는 아주 중요한 감정입니다. 화가 가라앉고 차분히 돌아보면 내가 바라는 것이 무엇인지, 무엇을 지키고자 했는지 등을 알 수 있습니다. 그런 의미에서 날마다 나를 화나게 만드는 아이는 스승이나 다름없습니다. "너 때문에 내가 못 살겠다"가 아니라 "네 덕분에 내가 성장한다"라고 해야 맞지요. 때로 아이만 한 스승은 없습니다.

Q3

가끔 아무것도 하고 싶지 않을 때가 있어요. 아이도, 집안일도 모두 의미 없어 보이고 내 존재가 세상에서 사라졌으면 좋겠다는 생각이 들 때가 있습니다. 그러다가도 문득 내가 너무 모성애가 부족한 건 아닌가 하는 생각에 죄책감이 몰려옵니다. 자존감이 낮은 건가요?

A3

자존감의 문제가 아니라 많이 지친 듯 보입니다. 모든 걸 혼자서 다 해내려고 애쓰지 마세요. 엄마도 한낱 사람입니다. 기계나 로봇이 아니지요. 할 수 있는 것만큼 하는 게 좋습니다.

이제 아이도 어느 정도 성장했습니다. 굳이 엄마가 다 해주지 않아도 혼자서 할 수 있는 게 많아졌다는 의미이지요. 때로는 다 내려놓고 엄마만의 휴식을 가져 보세요. 엄마에게도 엄마만의 시간과 공간이 필요합니다. 엄마가 자신을 제대로 돌보지 않을 때 감정도 생각도 메마릅니다. 엄마가 엄마만의 시간을 갖는 것은 절대 이기적인 행동이 아닙니다. 오히려 아이와 가족을 위하는 일입니다. 엄마의 마음이 넉넉할 때 아이에게도 긍정적인 에너지가 전달된다는 사실을 잊지 마세요.

하루에 한 번, 적어도 일주일에 서너 번 반드시 '엄마 찾지 마!' 시간을 확보하도록 해보세요. 그 시간만큼은 아무에게도 방해받지 말고 엄마가 아닌 자기 자신으로 온전히 존재해보세요. 사춘기 아이의 독립은 다른 한 편에서는 부모의 독립입니다. 아이가 건강하게 독립하여 자신의 삶을 책임지도록 돕기 위해서는 부모 먼저 자신의 삶을 책임져야 한다는 걸 잊지 마세요.

Q4

몇 년 전 남편과 성격 차이로 이혼을 하고 혼자서 초등학교 5학년 아들을 키우고 있습니다. 혹 온전하지 못한 가정 환경으로 인해 아이의 자존감에 영향을 미칠까 봐 걱정됩니다. 또한 이로 인해 아이가 어긋날까 봐 두렵습니다.

(A4)

'온전하지 못한 가정'이란 없습니다. 마찬가지로 온전한 가정도 없습니다. 우리가 말하는 정상적인 가족이란 존재하지 않습니다. 어떤 형태이든 가족은 정상입니다.

아이에게는 '엄마와 아빠 모두'보다는 자신을 이해해주고 소통하면서 성장을 돕는 부모가 필요합니다. 물론 남자아이 입장에서 아빠가 함께라면 좀 더 좋을 수는 있겠지만, 상황은 우리가 통제할 수 없는 일이지요. 어쩌면 우리 아이는 이런 환경을 통해서 더 성숙해질 수도 있습니다.

아이의 성장에 가족만이 기능을 하는 것은 아닙니다. 때로는 지역 사회 공동체도, 때로는 친척들 간의 관계도 아이에게 영향을 미칩니다. 혹 자라는 과정에서 남자 어른의 도움이 필요하다면 언제든 주변에 도움을 요청하시면 됩니다. 자존감이 높은 사람은 필요하면 언제든 다른 사람들에게 도움을 요청할 줄 아는 사람입니다. 언제든 용기를 내세요!

초4~중3, 급변하는 시기를
성장의 기회로 만드는 3가지 자존감 전략

사춘기 자존감 수업

초판 1쇄 발행 2021년 11월 26일
초판 4쇄 발행 2022년 11월 21일

지은이 안정희
펴낸이 민혜영
펴낸곳 (주)카시오페아 출판사
주소 서울시 마포구 월드컵로14길 56, 2층
전화 02-303-5580 | **팩스** 02-2179-8768
홈페이지 www.cassiopeiabook.com | **전자우편** editor@cassiopeiabook.com
출판등록 2012년 12월 27일 제2014-000277호
책임디자인 최예슬
편집1 최유진, 오희라 | **편집2** 이수민, 양다은 | **디자인** 이성희, 최예슬
마케팅 허경아, 홍수연, 이서우, 이애주, 이은희

ⓒ안정희, 2021
ISBN 979-11-6827-003-9 03590

- 잘못된 책은 구입하신 곳에서 바꿔드립니다.
- 책값은 뒤표지에 있습니다.